360° 全景探秘
最不可思议的地理自然

最 不 可 思 议 的 地 理 自 然
ZUI BU KE SI YI DE DI LI ZI RAN

360度全景探秘

最不可思议地理自然

主编 李阳

天津出版传媒集团

天津科学技术出版社

图书在版编目（CIP）数据

最不可思议的地理自然 / 李阳主编. —天津：天津科学技术出版社，2012.4（2021.6重印）

（360度全景探秘）

ISBN 978-7-5308-6975-8

Ⅰ.①最… Ⅱ.①李… Ⅲ.①自然地理—世界—普及读物 Ⅳ.①P941-49

中国版本图书馆CIP数据核字（2012）第078870号

360度全景探秘——最不可思议的地理自然
360DU QUANJING TANMI —— ZUI BUKE SIYI DE DILI ZIRAN

责任编辑：王　璐
责任印制：刘　彤

出　　版：	天津出版传媒集团 天津科学技术出版社
地　　址：	天津市西康路35号
邮　　编：	300051
电　　话：	（022）23332399
网　　址：	www.tjkjcbs.com.cn
发　　行：	新华书店经销
印　　刷：	永清县晔盛亚胶印有限公司

开本 690×940　1/16　印张 10　字数 200 000
2021年6月第1版第5次印刷
定价：35.00元

目 录

一、神秘岛屿之谜 / 1

行迹诡秘的"幽灵岛" / 2

"巨人岛"之谜 / 5

小岛旋转之谜 / 7

吃人的"死神岛" / 9

奇特的鸟岛 / 11

择捉岛——神奇的谜岛 / 13

二、神奇的巨奇之谜 / 15

谜一样的复活节岛 / 16

关于"斯托肯立石圈"的猜测 / 19

马耳他岛的巨石建筑之谜 / 21

"比金字塔更神秘"的石柱群 / 24

美利坚的神秘石像 / 26

纳玛托岛的神秘石柱 / 28

三、自然界神奇现象 / 31

怪石种种 / 32

千奇百怪的湖 / 42

难解的河水之谜 / 51

奇异泉水的未解之谜 / 56

四、地球上的奇特现象 / 59

魔鬼百慕大 / 60

墨西哥神秘的"寂静之地" / 70

神秘的北纬30° / 72

南极"魔海"——威德尔海 / 76

世界各地的死亡谷 / 79

"俄勒冈漩涡"及类似现象 / 83

神秘莫测的罗布泊 / 86

令人费解的冬热夏冷之地 / 89

无底洞之谜 / 91

"冰冰背"与"桃花洞"之谜 / 93

石棺中的清泉之谜 / 96

死海之谜 / 99

美国的"怪秘地带" / 102

会唱歌的沙丘 / 106

恐怖的死亡公路 / 109

五、文明遗址之谜 / 111

日本的水下城堡之谜 / 112

巴哈马群岛的神秘水下建筑 / 114

楼兰古城之谜 / 116

的的喀喀湖畔的古印加帝国之谜 / 118

阿加尔塔地下长廊 / 122

处处皆谜的哈拉巴古城 / 124

神秘之都——佩特拉的变迁 / 127

神奇的峭壁建筑 / 130

津巴布韦 / 133

被火川吞没的米诺斯 / 137

闪米特人的地下城 / 140

六、天文未解之谜 / 143

天文蛋与彗星蛋 / 144

雪块带来的谜团 / 146

星星的垃圾 / 150

与怪雨一同降下无数小动物 / 151

· 最 · 不 · 可 · 思 · 议 · 的 · 地 · 理 · 自 · 然 ·

一、神秘岛屿之谜

行迹诡秘的"幽灵岛"

◆ 幽灵岛

◆ 美丽的西西里岛

这里所说的"幽灵岛",指的是海洋中行迹诡秘、忽隐忽现的岛屿。

1707年,英国船长朱利叶斯在斯匹次培根群岛以北发现了陆地,将它标在了地图上。后来的考察队也曾先后发现它的存在,1928年,当科学家前去考察时,发现它已经消失。

1831年7月10日,意大利船员在地中海西西里岛西南方的海上,发现一个冒烟的小岛。这座小岛在以后的10多天里,不断地伸展扩张。后来却忽然开始缩小,仅3个月便隐入了水底。在以后又多次出

现，直到1950年它还表演过一次。

1943年，日军在太平洋和美军交战，节节失利。日本侦察机发现附近有一个无人居住的海岛，便将伤病员和战略物资运到这里，一个多月以后，竟再找不到该岛。

同一时间，美军在马利亚纳群岛海域一个小岛上，建造了一座雷达站。两三个月后，岛上的10多名美军人员也和小岛一同神秘失踪。

在太平洋的战略要地海域，美国中央情报局1990年在一座无人居住的小岛上，安装了海面遥感监测器。1991年年底的一天，"谍岛"突然从大洋中消失。

在大西洋北部有个德克尔斯蒂岛。因这里盛产海豹，招来大批的捕捉者，并在岛上建立了营地和修船厂。1954年夏季，此岛突然失踪。事隔8个月，一艘美国潜水艇在航道上发现了它。原来，该岛向东移了800海里，岛上的人们却一点儿都不知道。

"幽灵岛"是怎样形成的？世界海洋科学家们作了不少研究。

有人认为，南太平洋上那些"幽灵岛"是因为澳大利亚沙漠底下巨大的暗河流冲入南太平洋海底，带来巨量的泥沙，形成泥沙岛。在汹涌的暗河流冲击下，泥沙岛又会

◆ 西西里岛

被冲垮，因而消失了。

有人认为，太平洋上的"幽灵岛"的消失是由于海底强烈地震和海啸使它葬身海底。

还有人认为，有些珊瑚岛的失踪，是被一种叫"水中飞碟"——专门吃珊瑚的星鱼蚕食所致，美国的"谍岛"是珊瑚岛，因此是它消失在"水中飞碟"的肚子里。

各国的海洋科学家们对"幽灵岛"的忽隐忽现，不断移位，感到不可思议。

◆ 珊瑚岛

◆ 水中飞碟

"巨人岛"之谜

◆ 马提尼克岛

在西印度洋群岛中,有一个神秘的岛屿——马提尼克岛。岛上有个非常奇怪的现象,不仅当地居民们一个个身体高大,就是新到岛上定居的外地人,哪怕是已经停止长高的成年人,也会毫无例外地长高几厘米。岛外人来到这里,好像置身于童话故事中的巨人国。他们当中,男人们高2米多,十几岁的男孩儿都比岛外的普通成年人高。

◆ 巨人岛

为什么这个岛会有这种奇怪的现象呢？一些科学家认为，这个海岛上埋藏着大量的放射性矿物，能使人体内部机能发生某种特别的变化，从而使人身体长高。

近几年，一些科学家认为，这里地心引力小是使人长高的原因。

遗憾的是，以上这两种理论都不足以使人们信服。

◆ 马提尼克岛圣安尼

小岛旋转之谜

众所周知,地球绕着太阳公转,而其本身也在自转,但在西印度洋群岛中有一个小岛,竟然也像地球一般地自转,很规则地每24小时旋转一周,和地球自转一周的时间很吻合。

1946年2月23日,货

◆ 神秘的旋转岛

◆ 神秘的岛屿

◆ 美丽的小岛

轮"参捷"号来到这个岛。船员们发现指南针针头方向偏了，罗盘的方向也变了，大感惊讶，认为小岛上有铁矿或磁矿石。后来，科学家前来进行考察，结果发现小岛本身会旋转，岛上本不存在铁矿和磁矿石。

目前这个小岛仍在同一位置做有规则的自转。究竟为什么会旋转呢？有人说这岛正如一座冰山一样浮在海上，因潮水的起落而旋转。也有人说此岛是珊瑚礁岛浮在海上，不与地壳相连，由于岛下有巨大的海沟形成潜流从而使岛自转。可是小岛自转时间怎么又和地球自转一周时间吻合得如此之好呢？真相到底如何？就此问题不少人正积极研究。

吃人的"死神岛"

在距北美洲北半部加拿大东部的哈利法克斯约，在汹涌澎湃的北大西洋上，有一座孤零零的小岛，名叫赛布尔岛，意即"沙岛"，一些船员称它"死神岛"。

几千年来，由于巨大海浪的猛烈冲蚀，此岛的面积和位置不断发生变化。现在东西长40公里，宽度却不到2公里，外形酷似狭长的月牙。全岛一片细沙，只有一些沙滩小草和矮小的灌木，十分荒凉可怕。

◆ 死神岛

◆ 死神岛

此岛位于从欧洲通往美国和加拿大的重要航线附近。历史上有很多船舶在此岛附近的海域遇难，近几年来，船只沉没的事件又频频发生。在这里，估计先后遇难的船舶不下500艘，丧生者总计在5000人以上。

关于"死神岛"之谜，仍需深入探索和研究。

奇特的鸟岛

在我国南海西沙群岛中,有一个面积不到1平方公里的小岛——东岛,群鸟纷纷聚集于此,人们称其为"鸟岛"。

◆ 东岛

鸟岛有着许多难解的奥秘。其一,西沙群岛中的其他岛屿虽然也有海鸟,但数量远不如东岛。西沙群岛诸岛自然环境十分相似,为何东岛能吸引如此众多的海鸟,其他岛屿却不

◆东岛

能呢？其二，鸟岛上海鸟的数量虽多，种类却十分单一，绝大多数系鲣鸟；而其他岛屿上海鸟虽少，种类却较多，这是为什么呢？其三，鲣鸟每次产卵1～2枚，孵化方式比较奇特。它不像一般鸟类那样用身体抱窝，而是用爪抱窝，用脚爪给卵加温。因为此时鸟爪血流量特别大，爪蹼膜肿胀，又厚又暖，保温效果极好。为什么鲣鸟采取这种与众不同的孵化方式呢？其四，根据西沙诸岛几乎都有一层厚厚的鸟粪层的事实，不难推测这些岛屿在过去都曾有过一段百鸟云集的盛况。可是，为什么如今大多数岛屿上海鸟已基本上不再光顾，而唯独东岛却和往常一样继续成为海鸟的天下？

这些问题，尽管科学家们进行了调查研究，却没有揭开其中的奥秘。

择捉岛——神奇的谜岛

择捉岛是日本著名的北方四岛之一，是距离大陆最近的一个谜岛。它的神奇在于它奇特的自然景观和生物现象。

岛上有一个直径约3000米的古火山口，形状就像一口巨大的锅。在这口"锅"的"锅沿"上，奇峰峻峭直指青天，岩石嶙峋突兀，造型千奇百怪。

岛上有硕大的蝴蝶、巨眼的蜻蜓，还有一种生活习性极其奇特的怪鱼，它们可以在50℃的水中游玩戏耍，而在常温中却会僵硬，甚至随温度的继续下降而死亡。

岛上还有非常神秘的人类文化现象。在古火山口的南部堆满了一块块打磨得十分圆滑的巨石，有黑、灰、褐和浅绿等几种颜色。石头上有明显的人为刻纹，其中有一块石头上凿满了奇异的线条和花纹，可能是一种文字。另外一些黑曜石上的刻纹，不像是文字，充其量只能

◆ 择捉岛

◆ 择捉岛

算做是符号。其中有一块石头上面凿刻的全是飞鸟,神态各异,活灵活现。也有的上面凿刻的内容很简单。奇妙的是,在几块绿色圆石头上凿刻的纹痕竟然全是现代人所熟知的符号,有数学符号,有罗马数字,也有拉丁字母,还有几何图形,仿佛组成了一篇数学论文。

择捉岛和世界上其他的谜岛一样,没有发现任何文字资料能说明它过去的事情。是谁创造了这些文化遗迹?科学家们还在多方探寻,试图找到谜底。

· 最 · 不 · 可 · 思 · 议 · 的 · 地 · 理 · 自 · 然 ·

二、神奇的巨奇之谜

谜一样的复活节岛

◆ 复活节岛崇拜鸟人

1772年4月的一天，荷兰探险家在东南太平洋发现了一座岛屿，小岛四周站立着许多硕大无比的巨人雕像。这一天是复活节，所以他们把这个小岛命名为"复活节岛"。

这个小岛独处地球偏僻的一角，孤悬于东太平洋上。岛上贫瘠而干旱，居民既无法种粮，也无法狩猎，而只能用简陋的木制工具打洞，栽种甘薯和甘蔗，艰难度日。然而就是这样一个只有少数土著居住的孤岛上，却遍布着一千多尊巨大无比的巨人石像。这些巨人石像最重的可达90吨，高9.8米，就连最普通的也有20～30吨重。更令人惊异的是，这些巨大石像还大都顶

着巨大的红石帽子。一顶红石帽，小的就有20吨，大的重达40~50吨。

这些人像是怎样造成的？这些石像是怎么拉动的？又是怎么竖起来，怎么戴上20吨重的红帽子的呢？

人们找到了岛上的9处采石场，只见采石场内那些岩石已被任意割开，几十万立方米的岩石已被凿成初步的模样。这里的一切似乎都是突然停止的，好像人们突然接到一个无法抗拒的命令，顷刻间舍弃了一切匆匆离去。

在离复活节岛500米的海面上，有3座高达300米的小岛，它们四周是危崖绝壁，任何船只都无法靠近。然而岛民们清楚地记得，原来有几尊巨人石像就高高耸立在这些危崖的顶端。考古学家证实，这些石像确已跌入海中，而石像的基座石坛还稳稳坐落在危崖绝顶上。

这些巨人石像怎样运到悬崖顶？这些巨人石像是谁造的？

◆ 复活节岛巨像

◆ 巨人雕塑

◆ 巨人石像

◆ 复活节岛

◆ 巨人石像

◆ 巨人石像

更令人惊讶的是,复活节岛的居民称自己居住的地方为"世界的肚脐"。后来航天飞机上的宇航员从高空鸟瞰地球时,才发现这种叫法竟然十分贴切。难道古代的岛民也曾从高空俯瞰过自己的岛屿吗?

在复活节岛的悬崖下,有一堆大圆石块,上面刻有许多鸟首人身的浮雕图案,被称为"鸟人"。居民为什么选择了这种"鸟人"作为崇拜对象?鸟首隐喻着什么?

在复活节岛上,那种令人震惊的文化,就像那一个个沉默的巨石人像一般,留给世界的是个永远难以解开的哑谜。

关于"斯托肯立石圈"的猜测

路过英国南部的威尔特郡平原,有一片巨大的石柱群——斯托肯立石圈。这些石头一根接一根地排列成残缺的圆形,直径达70米有余,大石柱顶上三三两两地横架着巨大的石板。这些石板最高达10米,重的30～40吨以上。这些大石柱群具有多种造型,随着季节、早

◆ 斯托肯立石圈

◆ 石柱群

◆ 古石柱群

◆ 石柱群

晚、晴雨的不同，构成一幅幅锦绣画卷。

这些大石柱群是什么时候建造的？考古学家证实："斯托肯立石圈"比古希腊克里特岛上诺萨斯、费斯多斯和伯罗奔尼撒半岛上迈锡尼、太林斯、派罗斯等地著名的石头建筑物还要早，甚至比古埃及金字塔都要早。

建造大石柱群的石头，全部是从200千米之外的远地开采和搬运来的，在4000年前生产力水平和科学技术水平极为低下的条件下，只靠畜力和人力，运用原始的石器工具和木棍，怎能把这么多的巨型石块开采出来并雕刻成大石柱？如何从200千米以外搬运到工地？如何矗立？柱顶的大石板又是如何架上去的？至今仍是无法彻底揭开的一个奇谜。

马耳他岛的巨石建筑之谜

◆ 巨石庙

1902年，人们在地中海上马耳他岛发现埋藏着的一座史前建筑。它由上下交错、多层重叠的多层房间组成，里边有一些进出洞口和奇妙的小房间，旁边还有一些大小不等的壁孔。中央大厅耸立着直接由巨大的石料凿成的大圆柱和小支柱，支撑着半圆形屋顶。天衣无缝的石板上耸立着巨大的独石柱。整个建筑共分3层，最深处达12米。

11年后，在该岛的塔尔申村，人们又一次发现了巨大的石制建

◆ 马耳他岛

◆巨石庙遗址

筑。考古学家们认为这是一座石器时代的庙宇的废墟,也是欧洲最大的石器时代遗址。这座约在5000年前建造的庙宇,占地达8万平方米,整个建筑布局精巧,雄伟壮观,好多个祭坛上都刻有精美的螺纹雕刻。神庙前面是一道主门,通往厅堂及走廊错综的迷宫。

最令人不可理解的是"蒙娜亚德拉"神庙,这座庙宇又被称为"太阳神"庙。据测量,这座神庙是一座相当精确的太阳钟。根据太阳光线投射在神庙内的祭坛和石柱上的位置,可以准确地显示夏至、冬至及其他一年中的主要节令。而更令人震惊的是,这座神庙是公元

◆ 巨石

前10205年建成的,离现在已经整整1.2万年了!

马耳他岛的面积很小,在这里却发现了三十多处巨石神庙的遗址。这些建筑的建造者们在天文学、数学、历法、建筑学等方面都有极高的造诣。

◆ 马耳他神庙

石器时代的马耳他岛居民真有这么多的智慧吗?他们是怎样获得这些知识的?为什么在其他领域却没有相应的发展?是什么因素激发了他们建造巨石建筑的疯狂热情?而这些知识又为什么莫明其妙地中断了?这一切至今仍没有人能够回答。

◆ 马耳他

"比金字塔更神秘"的石柱群

◆ 夕阳中的石群

◆ 巨石从哪里来

两个世纪前,在法国的布列塔尼半岛上挖掘出巨大石柱群,无论从它们的重量、数量、高度和历史的久远来看,都足以成为世界巨石之最。

从岛上的卡奈克镇开始,由西往东走,首先迎面而来的,是散立于沼泽、森林间的12排石柱。石高有的竟达9米,石面大都像史前石具一样削磨得光滑洁亮。石柱越向东则越变越小,直至完全消失于另一小镇,同时还可见到另一组仅有7排巨石群。过了此镇进入卡勒

◆ 天文石阵

斯肯,放眼望去,又是13排长360米的石柱群。待走完约5千米的路程,回首计算一下,竟已走过1471个石柱。

这么大规模的石柱群为何在18世纪以前的历史记录中,竟一字未提?人们对它的形成及作用作了种种推测。有的说卡奈镇守护神可内利在公元前56年,为抗拒恺撒大帝的罗马大兵入侵而亲登镇北山丘,在奇迹般的神力下,将一个个追赶中的罗马人封死在原地,变成今日的石柱。有的说,19世纪早期,崇拜蛇蝎之风盛行,石头之所以呈蛇蜒状排列,就是为了配合当时的社会风气。有的说,罗马人竖立石柱,是为了作为庇护帐篷的挡风墙。此外,当然还有所谓外星人借以登陆的基地之说。

经过放射碳14的测试,这些石柱群早在公元前4650年便已经存在了。也就是说,它们是新石器时代文化最伟大的建筑。

◆ 石柱群

◆ 石柱群

◆ 石柱

美利坚的神秘石像

▲ 复活节岛上的石像

美国北卡罗来纳州山谷发现神秘石像的消息传开后,考古学家们为之震惊。因为这些石头像与远离美国的南太平洋复活节岛上的大型石雕像基本相同。奇怪的是,这种在整块巨石上的雕像用的是松软的火山岩材料,这在美国是罕见的。它意味着石像是在哥伦布1492年发现美洲新大陆前一世纪,就被人从复活节岛移到美国。

▲ 北卡罗来纳州风光

鉴于两地石像十分相似，考古学家相信它们出自同一批雕刻者之手。两地石像都以火山岩——泉华为材料，这种泉华在复活节岛俯拾皆是，而美国却没有。由此可得出有人把石像搬到美国的结论。

这些石像大小不一，小的高3.05米，大的却高达12.19米，足有50吨重。在特种扫描仪协助下，考古队发现了山谷里埋藏着的23个石像，它们排列成半圆环形状。

这种排列似乎与宗教有关，但却无法证实。复活节岛上的石像也排列成一种特殊队形，而人们无法考证为何要把石像排成如此队列。

这么多年过去了，这一切仍是一个未解之谜。

◆ 北卡罗来纳州

◆ 石雕

纳玛托岛的神秘石柱

密克罗尼西亚群岛中有一个很小的岛，名叫纳玛托岛。

岛上荒无人烟，却有无数巨型石柱整整齐齐码放在那里，堆成了一座10多米高的石头山。

经研究发现，

◆ 密克罗尼西亚风光

这原来是一处远古时代的建筑废墟，共用了约40万根石柱。这些石柱是加工过的玄武岩柱，每根重达数吨。令人不解的是，纳玛托岛本身并不产这种玄武岩，石

◆ 石柱废墟

柱是从波纳佩岛运来的。两处距离虽不远,但只有水路通航。人们认为是用当地一种叫做卡塔玛兰斯的独木舟来运输的。这种独木舟1次只能运1根石柱。有人计算了一下,如果1天运4根,波纳佩的岛民要工作296年,才能把40万根石柱统统运到纳玛托岛。

◆ 密克罗尼西亚群岛

究竟是谁建造了岛上的石柱建筑?更令人难以理解的是,岛上的建筑显然并未完工,留下一部分城墙还没来得及造好,就由于某种原

◆ 巨型石柱

最不可思议的地理自然
ZUIBUKESIYIDEDILIZIRAN

◆ 巨型石柱

因突然被放弃了，散乱的石柱扔得到处都是。

到底是谁在这个岛上建造了这奇怪的建筑？它是什么时候建造的又有什么用途？为什么尚未完工又被突然放弃了？纳玛托岛的石柱，又一个没有揭开的谜。

◆ 石柱废墟

三、自然界神奇现象

怪石种种

◆ 会走路的巨石

◆ 美国内华达山秋色

◆ 美国死亡谷

大千世界，无奇不有。有一类怪石，也许它的外形并不奇特，却有着谜一般的特性，令人百思不解。

会"走路"的石头

在美国内华达山脉东侧的"死亡谷"中，有一种能自己走路的石头，并且能留下许多"足迹"。

从1989年开始，美国科学家夏普把25块这样的石头按顺序排列，并逐个准确标出了位置，经过定期测量，发现这些石头几乎全部改变了原来的位置，有些石头还改变了方向。有块石头竟然自己连续爬行了几段山坡，"行走了"长达64米远的路程！

科学家们对这种现象作了种种推测，有的认为是风吹的，还有的人认为是地磁感应。然而，经过进一步考察，这些说法被一一否定了。

那究竟是什么原因促使石头

"行走"的呢？这是个未解的谜。

神奇的远古石头

在秘鲁纳斯卡平原北部一座小村庄里，有一座石头博物馆，馆中陈列着一万多块刻有图案的石头。据考证，这些图案很可能出于远古人类之手，但内容却展示出一种极其先进的文明，有几个图案甚至描绘出了1300万年前从太空中看到的地球。博物馆里的"刻石"依照图案的类别，被划分为太空星系、远古动物、史前大陆、远古大灾难等几类。

从刻石的图案上看，刻石头的人掌握了高超的医疗技术，例如大脑移植以及如何克服移植过程中的器官排斥反应，而这些技术的应用在现代医学中才刚刚起步。其中有一幅

◆ 伊卡石刻

◆ 伊卡石刻

◆ 伊卡石刻

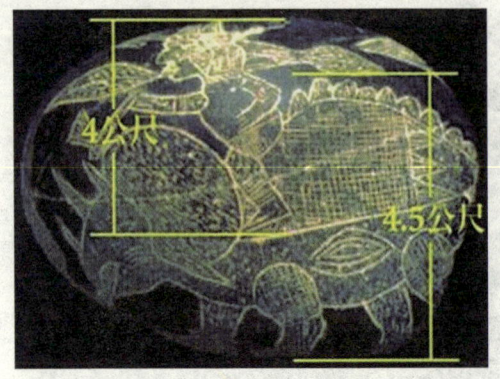

◆ 伊卡石刻

刻石的图案，描绘的是从孕妇的胎盘中分离和提取某种泡沫状物质，并且注入等待移植的病人体内，以减小器官移植后可能造成的排斥反应。石刻中还描述利用针灸进行麻醉的技术。有些石头甚至篆刻着有关遗传基因及延长生命的图案。

有4块刻石上的图案，经过地质学家的测算证实，是1300万年前的地球地图，而且非常精确。

一块刻石上描绘出一个人手持望远镜观察天空的情形，还有一块石头上刻画的是银河系，上面有13个星座。

更为奇妙的是，一些刻石的图案与纳斯卡平原上的某些巨型图案相同，平原上上千条由卵石砌成的线条，是何人杰作，又有何意义，至今仍是个谜。

令人不寒而栗的"杀人石"

在非洲马里境内，有一座耶名山，山上森林茂密，林中动物

◆ 杀机重重的耶名山

繁多，但山的东麓，却极少有飞禽走兽。

1967年春，耶名山发生强烈地震。震后的耶名山东麓远远望去，总有一种飘忽不定的光晕，尤其是雷雨天，更是绮丽多姿。据当地人说，那里藏着历代酋长的无数珍宝，这神秘的光晕就是从地缝中透出来的珠光宝气。马里政府为了澄清事实真相，派出了8人探险队，进入耶名山东麓实地考察。

他们进入山中，在山野上发现躺着许多死人，口眼歪斜，表情痛苦。虽然死去很长时间，但尸体竟没有腐烂。

突然，从一条地缝里发出一道五颜六色的光芒，色彩不断变幻着。探险队员经过一个多小时的挖掘，从此地泥土中清理出一块重约5000千克的椭圆形巨石。半透明的巨石上半部透着蓝色，下半部泛着金黄色光，通体呈嫣红色。队员们奋力把巨石挪到土坑边后，

◆ 杀机重重的耶名山

◆ 据传这里藏着历代酋长的无数珍宝

竟纷纷抽搐，相继栽倒。此时，只有队长阿勃还保持清醒，他强拖着麻木的身体，刚走下山，就一头栽倒。过路的人把他送进了医院。经抢救阿勃清醒了过来，将所发生的事告诉人们。之后，他又闭上了双眼。医生检查发现，阿勃受到了强烈的放射线的照射。

有关部门立即派出救援队赶赴山上抢救其他探险队员，但无一人生还。而那块"杀人石"，却从陡坡上滚下了无底深渊。科学家们想解开"巨石杀人"之谜，但因找不到实物而无法深入研究，这成了自然界一个未解之谜。

◆ 发现半透明巨石现场的尸体

泉州风动石

泉州灵山上有一块巨大的风动石，上刻"碧玉球"三个大字，故称"玉球风动"。它是一块天然奇石，略呈长方形，上端四角稍圆，下部一边贴在山岩上，另一边向外斜削，形成一道隙缝，远远望去，奇石宛如玉球。每当大风来时，发出跑步的震动声，乍看像是摇摇欲

◆ 泉州风动石

坠，惊险异常，其实稳固无比，有惊无险。游人至此，使出浑身力气推摇，仿佛看见玉球在摇动，并闻嘶嘶声，其实玉球纹丝不动，实为奇趣。

这块奇石高4.73米，周围要10多个人牵手合抱，估计重约50吨。一般外来的拉力和推力，只能使它像"不倒翁"一样，一晃一摇的，就算歪斜了，也会立刻恢复到原处。

这块巨大的风动石的来历，众说纷纭。有人说这是一块自天而降的陨石；也有人认为是海陆变迁时，从海底推上来的；还有人推测是地球上的冰川时期，由大陆内部漂浮过来的，搁浅在这儿的冰川遗迹。然而，科学家们还无法对"玉球风动"的现象做出科学结论。

◆ 玉球风动

◆ 泉州老君岩

◆ 漳州东山风动石

自动升空的印度巨石

在印度西部的希沃布里村，有一对能随人们的喊叫声而自动离地腾空的巨石。

在这个小村里，有座安葬800年前逝世的伊斯兰教托钵僧库马尔·阿利·达尔维奇的圣祠。两块圣石就并排摆放在圣祠前的台阶上。

这两块圣石只允许男人上前接近，大的一块重约90公斤，小的一块略轻些。只要人们用右手的示指放在巨石下，同时异口同声且不停顿地喊着"库马尔·阿利·达尔维——奇——奇——奇"发"奇"字的声音尽可能拖得长一些，这样，沉重的圣石就会像活人般地顿时从地上弹跳起来，悬升到约2米的高度，直到人们把达尔维奇的名字喊得上气不接下气时，它才会落回到台阶上。这个过程，可以反复数次。

800年前，圣祠所在地原是一座健身房，那两块巨石是供摔跤手来练习使用的，儿时的达尔维奇经常光顾这里。许多年后，健

◆ 自行升空的"圣石"

◆ 巨石

身房拆除,达尔维奇这位伊斯兰教徒对周围的人说出了如何使那块巨石升空的秘密。

从那个时候起,人们就一直沿用达尔维奇教给的方法来使岩石腾飞。

◆ 圣祠

◆ 巨石

现在,科学还无法解释圣石升空的奥秘。

变色龙般的怪石和石井

在澳大利亚中部阿利斯西南的沙漠中,屹立着一块世上罕见的怪石,当地居民称之为"爱也斯"。它周长约8千米,高达348米,仅露出在地面上的部分,就大概重约几亿吨。它很像古代神话传说中的巨人,更为奇特的是:它每天很有规律地改变自己的颜色——旭日东升时,呈棕色;中午时,呈灰蓝色;夕阳西沉时,蓦然变成鲜艳的红色。

◆ 古井

古代当地居民把它当作天然的"标准时钟"。

1988年,在四川省石柱县马武乡安田村,也发现了一块"气象石"。这块石头的变干变湿,与天气变化极为密切:当水珠汇集于该石表面的某一方

◆ 澳大利亚报时怪石

向时，预示那一方向的地方将要下雨；当水珠布满该石整个表面时，预示着四面八方都将下大雨。每当石头表面潮湿变黑，预示那是阴雨连绵的天气；如果石头表面由湿转干发白，就告诉人们久雨不晴的天气的结束，晴天即将来临。

◆ 湖南变色古井

湖南省洞口县竹市镇荷池村，有一口石井。数百年来，井水一直清澈、甘甜，是当地百姓饮用的水源。可是，1979年以来，每逢下大雨前的一天或两天内，井水就会变成棕红色，且水味也变得苦涩。这种现象每次持续2～5个小时，井水又恢复原状。

千奇百怪的湖

奇异的贝加尔湖

前苏联境内，有一个全世界最大的淡水湖——贝加尔湖，它贮存了全世界1/5的淡水。

整个湖区及其周边地带生长着1200种动物和600多种植物，其中2/3是其他地区根本没有的特种生物，有些生物只有在几万年甚至几亿年前的古老地层里才有类似的化石。另外，还有不少生物要到相隔很远的热带或亚热带才能发现它们的同种或近亲。

最奇怪的是，湖中生活着许多地地道道的海洋生物，如海豹、重鱼、海螺、奥木尔鱼等。世界上只有贝加尔湖湖底长着浓密的丛林——海绵，海绵中还生长着外形奇特的龙虾。

贝加尔湖的湖水一点儿也不咸，为什么会生活着如此众多的"海洋生物"呢？

科学家们研究发现，贝加尔湖地区长时间以来一直是陆地，湖底只有新生代的

◆ 贝加尔湖

沉积岩层，贝加尔湖是由于地壳断裂活动形成的断层湖，湖中海洋生物不是海退遗种。

那么，湖中的海洋生物到底是从哪里来的呢？

前苏联的贝尔格院士等人认为，只有海豹和奥木尔鱼是真正的海洋生物，它们可能是从北冰洋沿着江河来到贝加尔湖的。那么，如何解释海绵、龙虾、海螺、鲨鱼等生物的存在呢？科学家认为，贝加尔湖有类似海洋的一些自然条件，如贝加尔湖非常像海洋盆地，所以在许多淡水动物的身上，产生了与海洋动物类似的生理特点。

关于贝加尔湖特有生物来源的问题，至今还没有水落石出。

"杀人湖"之谜

1988年暮春的一个清晨，西非喀麦隆高原美丽的山坡上，水晶蓝色的耐奥斯湖突然变得一片血红。

湖畔的村落里一片死寂，

◆ 新鲜出炉的贝加尔湖大眼鱼

◆ 贝加尔湖雅罗鱼

◆ 美丽的贝加尔湖

村民们躺倒在门前，已经断气多时。屋里也都是死人。原来，昨日傍晚，耐奥斯湖突然一阵隆隆巨响，一股圆柱形蒸气从湖中喷射出来，直冲云空，高达80多米，然后注入下面的山谷，同时一阵大风从湖面呼啸而过，夹着使人窒息的恶臭，将这朵烟云推向周遭的小镇。烟云所到之处，所有生命都被吞噬。

◆ 贝加尔湖的海鸥

事后，研究人员分析了耐奥斯湖水样本，发现水中溶有相当多的气体，其中98%～99%是二氧化碳。而当人们从深水处将某个样品提上水面时，湖面就会像刚打开瓶的汽水那样，嘶嘶作响冒气。

◆ 贝加尔湖美景

由此，科学家们断言，这是因为山崩或火山爆发时产生的大量二氧化碳慢慢溶解在湖水中，久而久之，耐奥斯湖就成了一个含有大量二氧化碳的"定时炸弹"，稍稍地搅动一下，都能轻而易举地触发湖水释放气体。当大量二氧化碳云雾下沉到地面时，地面的生命便都窒息而死。然而，是什么原因导致耐奥斯湖

水突然变成血红色?湖边沿岸的死去的牲畜似乎并不是窒息而死的,它们是从高空跌下、内脏爆裂大出血死亡,是谁将它们从高空抛下的呢?

看来,人们需要通过更深入地调查和研究,揭开它"无故"杀人的谜底。

"淘气"的马拉维湖

◆ 非洲疯狂杀人湖

地处非洲3个国家的马拉维湖,是非洲最大的淡水湖,也是当今世界第一奇异的湖泊。

这个湖有着非常"淘气"的性格:一般在上午9时左右,马拉维湖的湖水开始缓缓消退,水位下降6米多才中止,它仿佛是玩累了,需要"歇口气";大约"休息"2个小时,湖水又继续消失,直至出现浅滩才渐渐停息;4个小时后,湖水陆续返回"家园";下午7时,湖水开始骚动,水位不断上升,直至洪流漫溢,倾泻八方;再过大约2个小时,湖面才重回风平浪静。马拉维湖的消长并

无一定规律。有时一天一次,有时数日一次,有时数周一次,但每次都是上午9时左右开始,晚上9时左右结束,前后大约持续12个小时。

海水涨潮落潮尽人皆知,但淡水湖为何也有潮汐现象呢?科学家们经过勘探,直到现在还没有揭开这个谜。

波森维湖之形成

非洲加纳的波森维湖,多年来一直是世界科学家注意和研究的对象。因为这个湖的形状是极严格的圆形,而且成为一个规则的锥体,湖底中心处最深,匀称地呈坡状上升到湖岸。

科学家们认为,用人工不可能挖成这种形状,而且自然界中,只有火山爆发或陨星坠落到地面上发生爆炸,才能形成这样的湖。可是,从地质上去分析,这个地区没有火山活动过的迹象。因此,科学家们作了一个假设,这个湖是由于陨星坠落时发生爆炸形成的。

然而,这个湖的体积超过了世界上任何一个陨星穴坑,它的直径达到了7000米。据科学家们估计,造成波森维湖这样一个穴坑的陨星,它的直径不会小于3千米,而其飞行速度要达到每秒20千米。

现在,世界上不少科学家仍在探索波森维湖形成之谜。

◆ 陨星坠落所造成的坑洞

南极的"不冻湖"

在南极,土地几乎完全被几百至几千米厚的坚冰所覆盖,气温只有零下五六十摄氏度。然而,在这极冷的世界里,竟然奇迹般地存在着一个面积达2500多平方公里"不冻湖",湖水遭到了极其严重的污染,并有间歇泉涌出水面。后来,前苏联考察队

◆ 湖

最不可思议的地理自然

在厚达3000米的冰层下,又发现了9个"不冻湖"。科学家对"不冻湖"的形成原因提出了不同的见解。

有人认为,这是气压和温度在特殊条件下交织在一起的结果。在冰层下的强大压力下,大地放出巨大热量。冰层防止了热量的散发,使得大地所放出的热量得以积存,将南极大陆的凹部大量的冰融化,变为"湖水"。

有人认为:在南极的冰层下,极有可能存在着一个由外星人建造的"秘密基地",他们在活动场所散发的热能将这里的冰融化了。

还有的科学家指出:在这湖下有个大温泉把这里的水温提高了,将冰融化了。但事实证明在湖下并不存在温泉。

还有一些科学家推测,湖水是由太阳晒热的。这里的冰层起到了一个透镜的作用,使太阳光线聚焦,天长日久,就形成了这一冰川上的"不冻湖"。

围绕"不冻湖"的问题,各种推论、猜测纷纷提出,然而还没有一个科学家能拿出令人满意、使人信服的结论。

◆ 南极不冻湖

◆ 间歇泉

◆ 南极的不冻湖神奇大地

更多的怪湖

玻利维亚的戈郁泊湖，是个奇特的发光湖。每当夜幕降临的时候，湖面星光，越是乌云密布、四周一片漆黑，这种闪闪的光亮越是清晰。

北美洲西印度群岛的巴哈马岛上有个"火湖"。人们在湖上泛舟，船头和船舷旁会喷出鲜艳的"火花"，跃出水面的鱼儿，也是红鳞闪闪。随着船的划过，船尾拖着一条长长的火龙。人在湖中游泳亦能激起火星，信手搅动湖水，顿时"火花"四溅。

藏巴尔湖位于印度重镇斋普尔，它以湖水时甜时咸而名扬天下。每年6月至9月，湖水清淡可口，略带甜味；可是10月以后到次年5月，湖水却变成了苦涩的咸水，无法饮用。在每年10月至次年5月，人们用湖水来提取食盐，而在6月到9月间，人们就将清淡带甜味的湖水贮藏起来，以便需要时饮用。

◆ 南极的不冻湖神奇大地

◆ 南极冰原

◆ 湖面星光

最不可思议的地理自然
ZUIBUKESIYIDEDILIZIRAN

◆ 火湖

◆ 印度斋普耳——粉红色的城市

在俄罗斯北部巴伦支海的基丁岛上，有个奇异的湖泊。湖水可分5层，就像鸡尾酒一样层次分明：第一层是淡水，生活着众多的淡水鱼类；第二层是微咸的水，生活着水母、虾、蟹等；第三层是咸水，栖息着海葵、海星和海鱼；第四层水呈红色，宛如新鲜的樱桃汁液，生活着紫细菌等；第五层是生物尸体和泥土沉积物，能产生剧毒的硫化氢气体。

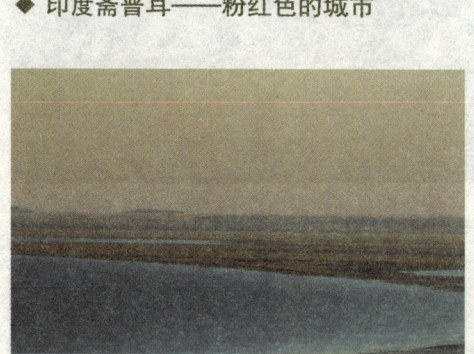

◆ 层次分明的湖

难解的河水之谜

黄河"揭底"现象之谜

从山西省龙门到陕西省潼关之间的黄河,每过七八年就发生一种奇异"揭底"的现象——夏秋洪水能将河底数米厚的泥皮揭起冲走。

这段河道全长132.5千米,又称"小北干流"。整个河床南北走向,呈纺锤形状。北部龙门和南部潼关都是著名的狭关险谷,河宽仅数百米,纺锤状的中部河宽达19千米。这段河流南北落差大,上游上百条支流把大量泥沙带入河道,在此沉积,河床淤积严重。

每过七八年出现的"揭底"奇景,都发生在

◆ 黄河

◆ 奔腾的黄河

七、八、九3个月。"揭底"前河道中出现片片因泥沙淤积形成的沙洲,河床较以往抬高,河道散乱。这时,如果天降暴雨,出现每秒800立方米以上的大洪水,数小时后,"揭底"现象便随之发生。河中数米厚的泥皮像墙一样直立起来,很快又被洪水吞没卷走,持续一段时间,洪水就冲出一条数米深的河床,浩浩荡荡地奔向大海。

我国有些科学工作者认为,"揭底"现象可能与这段河床的形状有关,但目前缺乏确凿的科学证据。

神奇的"送子河"之谜

◆ 黄河小北干流

◆ 黄河潼关景点

额尔齐斯河是我国唯一的一条流入北冰洋的外流河,在我国境内长约500千米。这里不仅矿产资源丰富,自然景色秀丽,而且还蕴藏着一个大自然之谜。

这里的雪水能使鸡、鸭、鹅多产蛋。更有趣的是,长期饮用由雪水汇成的额尔齐斯河水,能

治疗不育症。

20世纪50年代，有许多前苏联专家在富蕴工作，他们的夫人在莫斯科长期不生育，到这里生活一段时间后，由于常喝额尔齐斯河水都怀了孕，生了孩子。因此，人们就把这条神奇的河称为"送子河"。但"送子河"为什么能使不育者怀孕，至今还没有一种令人信服的解释。

◆ 美丽的额尔齐斯河

恒河水之谜

在印度，酒坛节到来之际，恒河畔的4个大浴场常常汇集众多的佛教徒，有时竟达1000万之众。他们争先恐后地跳入河中沐浴，有的则是投水自杀，想用圣水洗净他们的罪过。

因此，每次盛会都会有许多人死亡，河中漂满了尸体。同时，河上焚尸的火光熊熊燃烧，昼夜不灭，"骨灰"就地倾入河中，这是死者生前的夙愿。由于污染，河水之肮脏和腐臭程度不可名状。

◆ 美丽的额尔齐斯河

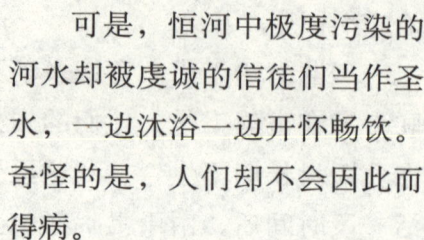

可是,恒河中极度污染的河水却被虔诚的信徒们当作圣水,一边沐浴一边开怀畅饮。奇怪的是,人们却不会因此而得病。

科学家们检验了恒河河水,发现水质良好,其中的细菌也并不危险。科学家们还有意将可怕的霍乱病菌投入水中观察,却发现它们在极短时间内就消失了。这是为什么呢?有待科学家们进一步研究。

◆ 恒河码头

更多奇怪的河

◆ 在圣河中祷告

在非洲的安哥拉,有条名叫"勒尼达"的小河,以香气扑鼻而闻名全球。在距"香水河"5万米左右,人们都能隐约闻到一阵阵飘散而来的香味,离河越近,香味越浓,人们称它为"香河"。

在我国,地形西高东低,因而大部分河流是由西向东流的。然而,在我国青海湖的东南部,

有一条从东向西流"倒淌"的河,长约5000米。

在希腊北部,有一条"甜水河",名叫奥尔马加河,全长8万多米,河水清澈,看上去与一般的河流没什么区别。有趣的是,它的水喝起来带有香浓的甜味。

地球上还有许多奇怪的河,还有待于我们去挖掘。

◆ 倒淌河景点

奇异泉水的未解之谜

"月牙泉"之谜

凡是游过丝绸之路鸣沙山月牙泉的人，大都要带回一个"谜"。

月牙泉依偎在我国的鸣沙山下，一泉中凹，沙鸣四面，长40多米，宽10多米，因形如弯月而得名。

月牙泉的美是多层次的。水中繁育的鱼，是背带黑斑的铁背鱼，这种鱼肉嫩且鲜美，据说古时是时贡朝廷的佳品。月牙泉边的草叫七星草，民间相传用它煎水喝能治多种疾病，当地人偶尔有个伤风感冒，不愿吃药而愿求助于七星草。月牙泉边的沙也被视为珍物，捧起一捧仔细一瞧，沙粒均呈五彩，经阳光一照，与碧水同辉。

最让人捉摸不透的是月牙泉的"生存之谜"。千百年来，大漠风沙封埋了多少城池，吞没了多么

◆鸣沙山月牙泉

庙宇，而月牙泉却安然无恙，依旧存在，且泉水不染纤尘，洁净如初。

巨泉喷鱼之谜

在河北省涞水县的野三坡风景区，最为神奇壮观的景区数鱼谷洞的巨泉喷鱼之谜。

◆ 野三坡风景区

鱼谷洞泉是永久性的独眼巨泉，是我国怪泉之一，泉眼涌出的是天然矿泉水，流量大而且稳定，即使连遭十多年大旱，巨泉仍然奔涌如常。据当地居民传说，此泉交着海眼，通着"龙宫"，在旧社会每逢大旱，邻近几个县的农民都到此泉烧香求雨，把鱼谷洞泉看做是"圣水"。

◆ 黄石公园景色

最令人叫绝的是，每年春季的"谷雨"前后，鱼谷洞泉水中会喷出大量活蹦乱跳的鲜鱼，在清明和谷雨交接的一两天里，最多时每天竟能喷出两千多斤鱼，每尾鱼的重量约七两，黑脊白肚，肉味鲜美，鱼骨坚硬，当地人称之为"石口鱼"。

据有关专家观察，这种石口鱼是一种"多鳞产颌鱼"，但是这种鱼究竟生活在哪里，为何要在谷雨时节喷吐而出，却是一个未解之谜。

能够报时与疗疾的怪泉

◆ 美国黄石公园景色

◆ 间歇泉

◆ 黄石公园老实泉

美国最大的国家公园黄石公园内，有一个世界闻名的间隙泉——老实泉。它每隔60分钟就喷发一次，每次喷4分半钟，已经有规律地喷发了400多年。这个间隙泉喷柱高达46米，每次喷水量为4万多升。

在南美洲乌拉圭的南格罗湖畔，也有一个报时泉。它每天喷射三次：第一次在早晨7点，第二次在中午12点，第三次在晚上7点，恰恰是当地居民吃早餐、午餐和晚餐的时间，被人称为"三餐泉"。

在法国比利牛斯山脉的小集镇劳狄斯，有一个闻名全球的神秘"圣泉"。据统计，每年约有430万人去劳狄斯，其中不少人是身患重病，甚至是病入膏肓被现代化医学宣判"死刑"的病人。他们不远千里来到这儿，仅在"圣泉"的水中浸泡一下，便能使病情减轻，有的竟是不药而愈。

"圣泉"这种"起死回生"的奥秘究竟何在呢？随着现代医学的不断发展，人们一定能解开这个谜。

·最·不·可·思·议·的·地·理·自·然·

四、地球上的奇特现象

魔鬼百慕大

在"百慕大三角洲"这片海面上,数以百计的飞机和船只在这里神秘地失踪,人们也叫它"魔鬼三角""厄运海""魔海""海轮的墓地"。

失踪的飞机群

1945年12月5日,美国空军上尉泰勒带领13位飞行员驾驶着5架复仇式鱼雷轰炸机,在百慕大神秘消失。基地指挥部立刻派遣、架海上搜索机去寻找。可是,这架搜索机和13名机组人员也悄悄失踪。

1948年12月27日22点30分,1架DC-3型大型民航班机,从旧金山机场起飞,途经百慕大海域上空。这架班机也消失了,机组人员和全部乘客无一生还。

航海者的墓地

1502年,哥伦布第4次渡过美洲时,途经百慕大三角洲。

这天,晴空万里,海面平静。突然间,狂风骤起,天昏地暗,几十米高的巨浪向船队扑来。船上所有的导航仪器全部失灵,

◆ 死亡谷

一连八九天,看不见太阳和星辰。后来风暴戛然而止,一切归于平静。

1840年8月,人们发现一艘法国帆船在百慕大海面上随风漂移,船上空无一人,但货舱里的货物完整无损,船上唯一健在的生物,就是一只饿得半死的金丝鸟。

1872年,一艘双桅船在这里的海面漂浮。船上又是空无一人。

1918年3月,一艘长达542英尺、拥有309名水手的美国籍巨型货轮"独眼"号在这里失踪。

1935年8月,美国籍纵帆船"拉达荷马"号被海浪渐渐吞没,5天之后,它竟然又漂浮在海上。

1944年,古巴籍的货船"鲁比康"号在同一海域又一次出现人去船空的奇案,只有一只狗孤独地躺在甲板上。

1963年,美国籍油轮"玛林·凯思"号也在这片海域上消失。

◆ 空中花园

◆ 墨西哥

科学家们的种种解释

科学家们运用自己掌握的各种知识,去解释发生在百慕大三角的种种怪事。比较有代表性的是下面的几种说法：

1. 磁场说

地球的磁场有2个磁极，即地磁南极和地磁北极。它们的位置在不断变化中。地磁异常容易造成罗盘失灵。还有人认为，百慕大三角海域的海底有巨大的磁场，它能造成罗盘和仪表失灵。

◆ 昆士兰州

2. 黑洞说

黑洞是指天体中那些晚期恒星所具有的高磁场超密度的聚吸现象。它虽看不见，却能吞噬一切物质。出现在百慕大三角区机船不留痕迹的失踪事件，颇似宇宙黑洞的现象。

3. 次声说

人所能听到的声音之所以有低浑、尖脆之分，这是由于物体不同的振荡频率所致。频率低于20次/秒的声音是人的耳朵听不见的次声。次声虽听不见，却有极强的破坏力。百慕大海域地形的复杂性，加剧了次声的产生及其强度。

4. 水桥说

有人认为百慕大三角区的海底有不同于一般海域潮水涌动流向的潜流。当上下2股台阶

最不可思议的地理自然

◆ 俄勒冈州

潜流发生冲突时,就产生海难,并将船的残骸拖到远处。

5.晴空湍流说

晴空湍流是一种极特殊的风。这种风产生于高空,当风速达到一定强度时,便会使风向角度突然改变,并伴有次声的出现,这又称"气穴"。航行的飞机碰上它便会激烈震颤。严重时飞机会被它撕得粉碎。

可惜,这些仅仅是假说而已,而且,每一种假说只能解释某种现象,而无法解开百慕大之谜。

永无休止的怪事

1963年，美国海军在波多黎各东南部的海面下，发现一个不明物体在飞速潜行。它有一个螺形的尾巴，它不仅行速快，而且有奇异的潜水功能。

1979年，科学家在这一带的海底发现了一个水下大金字塔，比埃及胡夫大金字塔还要雄伟。塔身上有2个巨大的黑洞，海水高速穿过这2个洞，致使这里的海面波涛汹涌、水雾弥漫。

1981年，一群旅客正在巴哈马岛上游玩。突然天空传来一阵马达声，一架第二次世界大战期间美国使用的"野马"式战斗机呼啸而来，朝游客开火。游客吓得四处逃散，而它即刻便消失在云中。

这架飞机竟是早在49年前就在百

◆ 修道士

慕大三角上空失踪了的那架！而今，它怎么飞回来了？

据报道，美国一架旧式轰炸机，出现于月球一座环形山顶。前苏联航天探测器从太空传回了照片，美国空军经核对，发现这又是一架四十多年前失踪于百慕大三角区的飞机。

日本的百慕大三角

1952年9月18日，日本某海域火山爆发。日本水文地理署派出考察船"海阳5丸"前往调查。船上载有日本最著名的一批学者，连同船员共计31人，并装有30吨燃料，连同"海阳5丸"

◆ 石棺

号一起神秘失踪。

这片海域被日本人称为"魔鬼海"。它位于日本列岛和小笠原群岛之间。早在1928年2月28日,一艘6000吨级的美国轮船"亚洲王子"号便消失在这片海域。

1957年4月19日,日本轮船"吉州丸"号正在这一带海域航行。船长和水手们都惊异地发现"2个闪着银光,没有机翼,直径约10米长,圆盘状的金属飞行物"从天而降,钻入离船不远的水中,当时海面被激起巨浪。

英国出现"新百慕大三角"

英国北海也发现一个"新百慕大三角",航经此处的船只会突然下沉,飞过该地带的飞机也会有爆炸的危险。

这个神秘区域位于北海的炮台油田附近。该处海域有一个海底沼气(甲烷)的喷口,名为"巫婆洞",从该洞大量喷出的沼气令船只沉没。

要解释这个现象,沼气是极具可能性的"元凶"。当沼气大量冒升,会令周遭的海水密度大大降

◆ 修道士

◆ 日本魔鬼海域

低,从而导致浮力大减,轻者会令船身下沉,重者更会因浮力不足,令船只在数秒间沉入海底。

一些科学家认为,这一理论可用来解答大西洋百慕大三角之谜,但未敢肯定。

百慕大三角的"死人复活"

百慕大三角在世人的心目中简直比魔鬼还可怕,但是世间事无奇不有,也有人在百慕大"死"而复活。

◆ 英国百慕大

1989年2月26日,一艘渔船在百慕大三角南37.5千米处作业,人们发现一白色布袋在海面上一沉一浮,拉出海面一看,里面竟是一个活人。此人1923年患癌症,1926年3月24日,他的妻子遵照其生前要求海葬的遗愿,把他装在帆布袋,抛到百慕大以南的海里。想不到63年后他竟然"复活"了!

1946年3月16日,白赖仁和莉地亚结为夫妇。一年后,他们在百慕大坐游艇再度蜜月,白赖仁失足坠入海中,被海浪卷走。莉地亚回到家乡后,不再嫁人,苦苦思念着丈夫。43年后,莉地亚故地重游。当船驶到她丈夫被溺的海域时,白赖仁竟奇迹般地出现在该船的甲板上,与其忠贞的妻子拥抱、接吻,之后却又出人意料地双双消失了。

墨西哥神秘的"寂静之地"

"寂静之地"地处墨西哥木马皮米盆地，与百慕大三角和埃及金字塔处于同一纬度。这里出现过一些奇怪现象：电磁波到了这里便消失；陨石在这里遍地都是；流星雨更是这里的常客；飞机飞越上空时，导航系统完全失灵；各种古生物化石如同垃圾一样遍地皆是；毗邻地区风雨大作，这里却永远是骄阳似火；不明飞行物（UFO）、3个头的羊更是周边居民的

◆ 爱达荷州

饭后谈资。

在这里，收音机、电视、无线电对讲机、卫星遥感系统无法接收任何信息。1969年，英国天文学家观测到一颗正在接近地球的流星，进入大气层后开始燃烧解体，其中最大的一块突然改变原来的飞行方向，朝北美洲飞去，最终坠落在"寂静之地"的边缘地区。

20世纪70年代初期，美国一枚火箭坠毁，搜寻人员在进入"寂静之地"寻找火箭残骸时发现，雷达显示屏上一片空白，根本无法提供任何数据。

1976年，墨西哥派人前往"寂静之地"考查，发现这里电磁波横波传播很正常，但纵波却被完全屏蔽掉，从而产生所谓的"寂静之地"现象，并且这一地区放射能极高。目前，关于这些现象的解释很多，其中最流行的一种是科学家提出的"磁场说"，即这一地区的下方存在一个强大的电磁能量场，但为何只有这里具有强大的磁场呢？

这里留给人们一个想象驰骋的空间，而"寂静之地"也将会永远地寂静下去。

神秘的北纬30°

沿地球北纬30°线北行,既有许多奇妙的自然景观,又有许多独一无二的神秘现象。

这里有地球山脉最高峰——珠穆朗玛峰,又有海底最深处——马里亚纳海沟。世界几大河流,比如

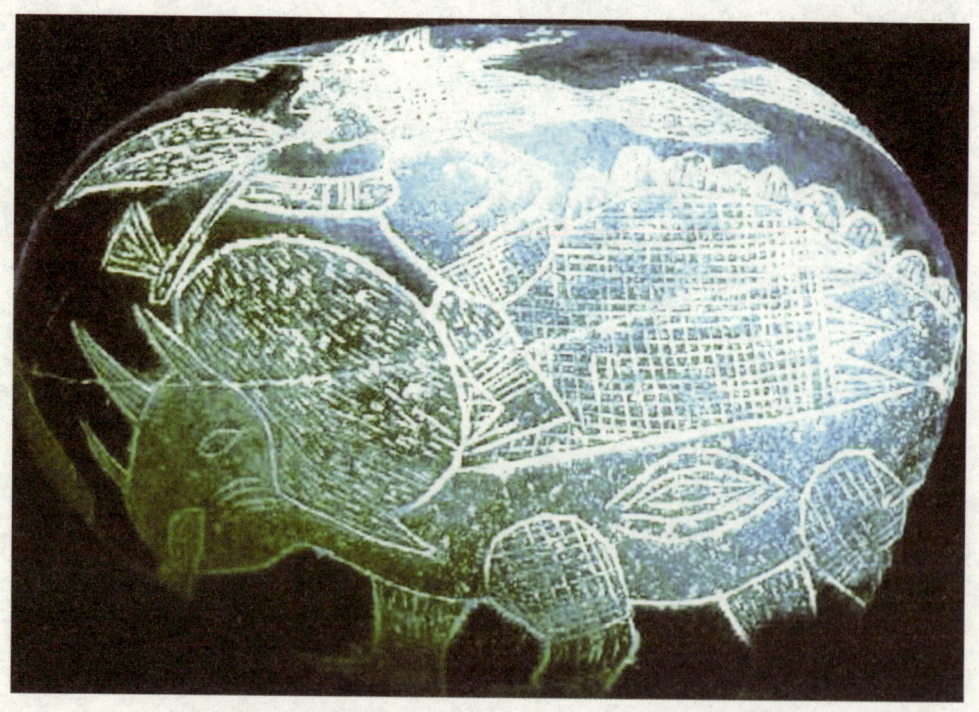

◆ 纳斯卡平原史前古物

埃及的尼罗河、伊拉克的幼发拉底河、中国的长江、美国的密西西比河，均是在这一纬度线入海。在这一纬度上，山川怪异，奇观绝景比比皆是。

这条纬线还是许多著名的自然和人类文明之谜的所在地。比如"百慕大三角区"，死海，古怪斜立的圣塔柯斯镇，古埃及金字塔群，狮身人面像，北非撒哈拉沙漠，达西里的"火神火种"壁画，巴比伦的"空中花园"，传说中大西洲的沉没处，以及远古玛雅文明遗址……

北纬30°线常常是飞机、轮船失事的"死亡漩涡区"。除了百慕大，还有日本本州西部、夏威夷到美国大陆之间的海域、地中海及葡萄牙海岸、阿富汗这4个异常区。与北纬30°线相对，在地球南纬30°线上也同样有5个异常区。这10个异常区在地球上几乎是等距离分布的。如果把这些异常区互相连接，整个地球就会被划成20多个等边三角形，每个

◆ 西沙群岛

◆ 沙漠怪石

区域都处在这些等边三角形的接合点上，以72°经度的间隔均匀地环绕地球分布，并且以相同的角度向东倾斜。

这些三角区域大都处在海洋水域，在海水运动上表现为一种大规模垂直挠动的漩涡。给人类带来难以预料的巨大灾难。

◆ 贝加尔湖

如果将北纬30°线上下各移动5°左右，我们再次吃惊地发现，在北纬25°和35°线附近，是使人谈之色变的地震死亡线。这一地区发生的灾难性地震，死亡在2000人以上，其中震级在7级以上的就达几十次。

处于北纬30°的各种自然之谜，正等待着人们前去努力探索。

◆ 巴比伦空中花园

◆ 撒哈拉沙漠

南极"魔海"——威德尔海

在南极也有一个魔海——威德尔海。

它魔力首先在于流冰的巨大威力。南极的夏天,在威德尔海北部,经常有大片大片的流冰群,有时中间还漂浮着

◆ 西印度群岛

几座冰山。这些流冰和冰山相互撞击、挤压，发出惊天动地的隆隆响声，船只在冰山中航行异常危险。

在冰海中航行，风向对船只的安全至关重要。在刮南风时，流冰群向北散开，船只就可以在缝隙中航行；如果一刮北风，流冰就会挤到一起，把船只包围，这时船只即使不会被流冰撞沉，也无法离开这茫茫的冰海，至少要在威德尔海的大冰原中呆上1年。由于1年中食物和燃料有限，特别是威德尔海冬季暴风雪的肆虐，使绝大部分陷入困境的船只永远"长眠"在冰海之中。

◆ 南极冰山

在威德尔海，鲸群对探险家们也是一大威胁。鲸鱼成群结队，凶猛异常，特别是逆戟鲸，能吞食冰面任何动物，是有名的海上"屠夫"，使被困威德尔海的人难以生还。

绚丽多姿的极光和变幻莫测的海市蜃楼，是威德尔

◆ 南极探险

◆ 楼兰古城的佛塔

海的又一魔力。船只在威德尔海中航行，就好像在梦幻的世界里飘游，既使人感到神秘莫测，又令人魂惊胆丧，不知将多少船只引入歧途。

威德尔海是一个冰冷的海、可怕的海、神奇莫测的海，也是世界上又一个神奇的魔海。

◆ 逆戟鲸

世界各地的死亡谷

在世界上一些人迹罕至的地方，隐伏着不少死亡之谷。

前苏联堪察加半岛的克罗诺基山区的"死亡谷"，长达2千米，宽100～300米不等。这里地势坑坑洼洼，不少地方有天然硫黄矿石嶙峋地露出地面。据统计，这个"死亡谷"已吞噬过30条人命。科学家曾多次探险考察，有人认为，杀害人畜的祸首是积聚在凹陷深坑中的硫化氢和二氧化碳，有人则认为致死原因可能是烈性毒剂氢氰酸和它的衍生物。可是，住在距离"死亡谷"仅一箭之地的村民，却不曾受到过这些毒气的影响。

在美国加利福尼亚州与内华达州相毗连的群山之中，也有一条特大的"死亡谷"。1949年，美国有一支寻找金矿

◆ 梅萨维德悬崖宫群

◆ 石龟

的勘探队伍涉足其间，几乎全队覆灭，几个侥幸脱险者，不久后也神秘地死去。此后，那些前去探险的人员也葬身谷中。可是这个"死亡谷"，竟是温和的飞禽走兽的"极乐世界"。

意大利的那不勒斯市和瓦唯尔诺湖附近的"死亡谷"，却只危害飞禽走兽，对人的生命却毫无威胁。据调查统计，每年在此死于非命的各种动物达5000多只。

印度尼西亚爪哇岛上有个更为奇异的"死亡谷"。在谷中共分布着6个庞大的山洞。当人或动物从洞口经过时，就会被一种神奇的吸引力

◆ 美国加利福尼亚州附近死亡谷

吸入洞内，哪怕相距7米之远，也无法抗拒吸力而葬身此地。

中国云南腾冲县，有一个"扯雀泉"。此泉是个土塘子，面积不大，泉水充盈。它有股毒性，不但能扯下天上飞禽，还能扯死两三千克重的大鸭子。鸟儿一旦飞临泉塘上空，就掉地死亡；走兽误饮泉水，便一命呜呼。

澳大利亚昆士兰州北部库克敦，有一座黑山。当地土著居民无人敢轻易涉足和攀登。1977年，一名男子骑马寻找迷路的牛来到山下，闯入山中，结果一去不返。后来又有一个警察追赶逃犯，双双进入山中，也都失去踪迹。

最令人称奇的，要数距"上帝的圣潭"帕尔斯奇湖仅40千米的巴罗莫角半岛。20世纪初，先后有人在这里消失。1972年，美国职业拳击家特雷霍特、探险家诺克斯维尔以及默里迪恩拉夫妇前往这里。走在前面的两个人被一股磁盘一样的魔力吸住了，面部开始萎缩，就像被传说中的吸血鬼吸尽了血肉一样死掉了，默里迪恩拉夫妇拼命逃了出来。

◆ 复活节岛石像

◆ 美国死亡谷

1980年4月，美国探险队来到这里，虽没找到地磁证明，但探明这里的引力是移动的，阵发的。也许岛上的野生动物就是凭经验和本能掌握了这一规律，所以才得以生存下来。

◆ 云南腾冲县的北海湿地

◆ 巨石阵

"俄勒冈漩涡"及类似现象

在美国俄勒冈州，有一个方圆仅50平方米的怪异的地方，被称为"俄勒冈漩涡"。这里有一座古朴的木屋，其歪斜程度犹如比萨斜塔。走进木屋，会感到有一种巨大的拉力把你往下拉。如果往后退，还会感到有一只无形的手将你拉向木屋中心。一到这里，马匹会本能地回避，飞鸟也会突然地掉转路线，树干则倾向北极。

◆ 法国风光

科学家用铁链系着一个13千克的钢球，把它吊在木屋的横梁上，这个钢球倾斜成某个角度，晃向"漩涡"中心。你可以轻易地把钢球推向"漩涡"中心，但要把它向外推却很难。

◆ 石器时代

在乌拉圭的温泉疗养区巴列纳角，也有一块异常区，汽车开到这里停住，有一种奇特的力量会推动车辆继续前进，上坡爬行几米才

刹住，平坦路段则自动滑行几十米。进入这个地区的人，好像到了重力很小的宇宙空间，竟有飘然化羽的感觉。

美国犹他州有一条斜坡道，长约500米，若驱车而下，在半途刹住车，车子会慢慢后退，像被一股无形的力量拽着往坡顶爬去。

非洲西诺亚洞中的"魔潭"则更令人惊奇。它由明暗两洞及两洞间的一个深潭

◆ 火山岩

构成。潭面只有10多米宽，按理说将一块石头扔向对岸的石壁，不会费太大的力气，可飞石被抛出后必然会下坠入水，即便用枪械将一颗子弹射出，不等击中对岸的石壁，子弹就像被什么神力吸住了似的，一头栽入深蓝色的潭水中。

这些奇异的现象说明，"地心引力"这个概念需要被重新思考。

◆ 玄武岩

◆ 独木舟

神秘莫测的罗布泊

◆ 巨大雪块

◆ 曼彻斯特

罗布泊位于新疆塔里木盆地东部。酷热、干旱、风沙、雅丹（陡崖）、盐壳，阻拦着人们向罗布泊接近，多少年来一直被称为"死亡之路"。曾有许多学者进行了考察，在罗布泊的位置上产生了很大的分歧。

俄国探险家H·M·普尔热瓦斯基曾于1876年到罗布泊考察，发现罗布泊位于塔里木河口的喀拉和顺境内，比我国地图所记的位置还要往南，大约有纬度1°之差。而且他所见到的湖泊是淡水湖，有芦苇丛生的大沼泽地，聚集着成千上万的鸟类。而北罗布泊（即中国地理文献所记载的罗布泊）的水都已干涸，变成盐滩，十分荒凉。

德国的李希霍芬认为普尔热瓦斯基所考察的也许并非是

◆ 软体动物

中国清朝地图上的罗布泊，真正的罗布泊还在普氏考察的北部。

以后，英国的斯坦因、瑞典的斯文赫丁等先后到罗布泊地区考察，认为争论的双方都没错，而是罗布泊游移到喀拉和顺去了，他们认为它南北游移不定，而且游移周期可能为1500年。

1923年，为普尔热瓦尔斯基和斯文赫丁所发现的罗布泊突然消失，成为沙漠。罗布泊又戏剧性地回到了它以前呆过的老地方，即古代地图上所标的位置。

1959年，中国科学院新疆综合考察队在罗布泊北岸

◆ 龟

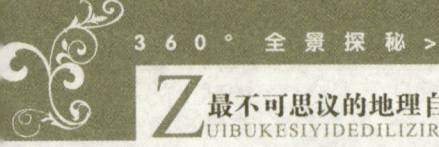

考察时,还见到烟波浩渺、水鸟成群的情景。但1964年,罗布泊开始干涸。我国地学工作者认为,河流上游的农垦,引水灌溉,造成了罗布泊水源枯竭而致干涸,并非罗布泊游移他处。

以上的考察,还不能说完全找到了答案,但人们相信罗布泊的奥秘终有水落石出的一天。

◆ 罗布泊

◆ 罗布泊遗迹急速消失

令人费解的冬热夏冷之地

在我国辽宁省桓仁县沙尖子镇，有一处总长约15千米的罕见地方，冬季冒出热气，夏季冒出寒气。

农民任洪福发现这种现象后，在冒气强烈的护坡底角用石块垒了一个小洞。盛夏，洞内温度仅零下2℃，石缝为零下15℃。洞口放鸡蛋能被冻破蛋壳；洞内放杯水会变成冰块；雨水泄入石缝冻成缕缕冰柱。

近几年来，每逢夏季，任家都利用这口天然小冷库，为乡亲们和街上的饭店、医院、酒厂、兽医站等单位储存物品。而立秋以后，周围地温不断转冷，这里的地温却由冷趋暖。到了严冬腊月，野外冰封地冻，这个地带却

◆ 辽宁省桓仁县

◆ 辽宁省桓仁县一线天

热气腾腾，温暖如春。任家屋后，种下的蔬菜叶壮茎粗，十分繁茂。1986年，任家在冒气点附近平整了一小块土地，上面盖上塑料棚，栽种大葱和蒜，一冬割了2次蒜苗。

更令人惊讶的是，1987年在原址以南300米处，又发现了一处类似的神奇土地。

360° 全景探秘
地球上的奇特现象

无底洞之谜

在希腊亚各斯古城的海滨，有一个无底洞，它靠着大海，每当海水涨潮的时候，汹涌的海水朝洞里流去，形成一股特别迅猛的急流。

人们推测，每天流进这个无底洞的海水足足有3万多吨。奇怪的是，这么多的海水往洞里边流，却一直没有把它灌满。人们想尽办法，却一直没有找到它的出口。

这么多的海水最后都流到什么地方去了

◆ 海洋无底洞

最不可思议的地理自然
ZUIBUKESIYIDEDILIZIRAN

◆ 内蒙风光

◆ 美丽的内蒙古

呢?一直到现在,它还是一个谜。

在我国内蒙古霍林郭勒市东北部骆驼脖子山上,也发现了3个自然洞,其中的一个是直径1.5米的"无底洞",一个竖洞约40米深,一个斜洞约10米深。在山巅处的"洞"口扔下一块3千克重的石块,石块碰撞洞壁声由大到小,20秒钟后听不到声音。洞口春夏秋冬都长有绿苔,冬天洞里经常往上冒白汽。在"无底洞"周围,奇峰巍峨,怪石嶙峋,植被丰富,山杏树满山,常有各种禽兽出没。

"冰冰背"与"桃花洞"之谜

河南省有两处奇观：一是"冰冰背"，二是"桃花洞"。

在安阳市南5公里的地方，有一座壁立如簪的山峰，山下有个乱石纵横的山坡，便是神秘的"冰冰背"。每逢阳春3月，天气转暖，泉水便开始结冰，以后天气越热，冰结得越厚。等到盛暑6月，赤日炎炎，游人满身大汗时，这里却冷气袭人，结冰面积可达600多平方米。但是一过8月中秋，天气转冷，这里的冰块却又慢慢融化。待到寒冬腊月，正是满天飞雪、冰封大地之时，这里却热气蒸腾，水暖宜人，成了一泓温泉。

在距离"冰冰背"西南方向数公里处，又有一处异景，这便是"桃花洞"。"桃花洞"比"冰冰背"高200米，

◆ 河南冰冰背和桃花洞

◆冰冰背风景区

最不可思议的地理自然
ZUIBUKESIYIDEDILIZIRAN

◆ 冰冰背风景区

◆ 冰冰背

洞的周围绿草如茵，一片桃林。奇怪的是这些桃林在融融春日却不开花，偏偏在寒冬腊月之时万花怒放。越是冰天雪地，越开得繁盛鲜艳。

这两处奇异景观曾引起许多地质学家和气象学家前往探查和研究，但至今未能揭开其中的奥秘。

◆ 冰冰背风景区

石棺中的清泉之谜

◆ 法国的教堂

法国南部的阿尔·修·提休古丰教堂里停放着一具奇特的石棺，从公元960年开始渗出水，已经连续滴落了1000年以上。水不知来自何处，每天出水量多达400千克。此水对治疗湿疹、慢性胃病及肝病颇有功效。村民们长年在这里汲取"奇迹之水"治病。据说，这奇迹之水放进没有盖子的容器也不会蒸发，装在密封的瓶子里常年也不会发臭变浊。

原来石棺中遗

骨的主人是两位修道士，传说自从两人的遗骨被收藏起来后，教民又别出心裁地在棺盖上安了一根铜管。谁知数年后的一天，突有清泉由棺内向外滴出，从此年复一年，昼夜不息。

据说，除纳粹时期外，7000多年来附近村庄的居民每天都来此取水。慕名而来的研究人员和旅游者更是络绎不绝地到此

◆ 石棺

◆ 法国教堂

◆ 法国教堂的尖顶

研究、参观。石棺却泉涌依旧,绝无断水的迹象。这水与附近的水质成分相去甚远,含有微量的砷、氟、锶等物质。

不少学者曾专程前往探秘,却无功而返。英国《泰晤士报》曾悬赏数百万英镑,以吸引对这一奇迹之水感兴趣的人士揭开石棺之谜。教堂也曾准备了1000枚金币,作为对揭秘者的奖赏。但时至今日,这1000枚金币依然寄放在修道院的金库里,谁也没能领走。

死海之谜

约旦死海的有趣处和独特处在于它的4个"400":一是它低于海平面400米(有的说为397米),是世界的最低点;二是它的水最深处是400米;三是死海水所含的各种矿物质达400亿吨;四是据说死海底有大约400米厚的盐的沉积层。

在死海里,你想击水前进时,它会使你立即失去平衡;至于潜泳,有史以来,还没有人能在不坠挂重物的情况下潜入海里。在死海里,人们尽可放心地仰卧水面,放开四肢,随波漂浮,甚至仰面捧读。

死海的怪脾气和浮力都来自其含量极高的矿物质。死海各种盐的含量是普通海水

◆ 死海

◆ 死海

◆ 躺在死海里看报

的9倍。在死海通常见不到滔滔巨浪,这是因为死海水含矿物质高,减弱了风的威力。但这众多矿物质来自何处,至今没有一个科学的解释。

死海水里绝无鱼、蚌,甚至没有水草,在海边缘找不到半个贝壳或其他显示曾有生命存在的痕迹。在死海的上空及其周围,看不到任何一种飞鸟,象征着生命的一切迹象都不存在。

但是,"死海不死",死海里存在微生物——大量嗜盐细菌和藻类。它们以含盐量极大的特殊环境来滋养,在活跃地繁殖、生长,而污染和不断增加的含盐比重,对这些嗜盐细菌和藻类并未产生威胁。

作为特殊存在的自然现象,需要解开的有关死海之谜实在是太多了。

美国的"怪秘地带"

美国加利福尼亚州圣塔克斯镇郊外的一个"怪秘地带",地球重力表现非常反常。

在怪秘地带门口,有两块"天然魔术"石板,它们看起来很普通,彼此间距约40厘米,放在同一水平线上。

两个高矮不一的人分别站上去,可以看见矮个子变得高大魁梧,高个子变得特别矮小可怜。如果来回交换着位置,二人身高也来回变化,忽而伸长,忽而缩短,其实人本来的身高没有改变。

沿着一条坡度极大的坡道,可走到"怪秘地带"中心。沿途只见周围的树木全都向一个方向倾斜着。走着走着,人们的身子也极度倾斜,几乎达到平行坡道的地步。

◆ 天然魔术石板

◆ 大树都向一边倾斜

◆ 斜立在壁板上

一座简陋的小木屋立在"怪秘地带"的中心，也在明显地倾斜着，与树木倾斜的方向一样。在这里，游人们的身子全都不由自主地朝一个方向倾斜。

进入小木屋时，屋里立刻会有一股强大的力量向你袭来，似乎要把你推到重力的中心点去。这地方的任何悬挂物，都无法与地面形成直角，总是呈现自然倾斜状态。

360°全景探秘

Z 最不可思议的地理自然
ZUIBUKESIYIDEDILIZIRAN

◆ 怪秘地带

◆ 抓住门框板手，挂着的身子倾斜到一边

小木屋里有一个"钟摆"，悬挂的角度是倾斜的。别看它很沉重，当你从一个特定方向推动它时，只要手指轻轻一点，它就会向前摇晃，但若从相反方向来推它，它则纹丝不动。和普通钟摆不同，它在受到冲击后，最初是按常规左右摇摆几下，但随后它就按圆圈的方向摇摆起来，一会儿朝左旋转几圈，一会儿朝右旋转几圈；每隔五六秒钟，就自动改变摇摆方向一次，间或前后摇摆或左右摇摆。如此周而复

始，历久不衰。

　　这里发生的种种奇异现象，都是违反牛顿的重力定律的。地球重力场在这个弹丸之地的突出的异样存在，为富于探索精神的人们提供了一个新的认识窗口。

◆ 钟摆

会唱歌的沙丘

◆ 库布齐沙漠

你听说过会唱歌的沙丘吗？当风吹沙舞的时候，辽阔的沙漠上就回响起各种美妙的音乐，令人陶醉。

在中国内蒙古鄂尔多斯草原的库布齐沙漠上，有一个神奇的"响沙湾"。据说，世界上已发现了一百多种类似的沙丘。

◆ 沙子在歌唱

◆ 响沙湾风景区

人们发现，这种悦耳的声音，只是在风和日丽的时候或风沙起舞的时候，才会由那些直径为0.3~0.5毫米的洁净的石英沙发出来，而且沙粒越干燥声音就越大。在潮湿的天气、雨天或冬天，沙粒则通常寂静无声。

究竟是什么使沙子发出这动人的"音乐之声"的呢？科学家们的猜想和解释多种多样。

一种认为声音是由沙粒带电产生的。由于摩擦

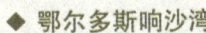

◆ 鄂尔多斯响沙湾

◆ 响沙湾

挤压的关系，沙粒带有静电。一遇外力，互相碰撞，就产生放电现象，因而发出声音。

另一种认为在沙丘里有一层湿沙层。当沙丘发生崩塌时，由于沙层的流动，形成了波浪形表面，表面又将震动传给湿沙层，湿沙层就产生一种像乐器一样的振动，从而发出声音。

还有人认为沙粒空隙间的空气运动构成了一个音箱。沙丘崩塌时，就会引起空气的振动，产生音响。

更有人用温度的升降理论以及沙丘的不同运动形式来解释这一奥妙。然而，尽管科学家们绞尽脑汁，至今仍未找到沙丘唱歌确切的原因。

恐怖的死亡公路

在美国爱达荷州的州立公路上，有一个"爱达荷魔鬼三角地"。正常行驶的车辆进入这一地带，就会突然被抛向空中，随后又被重重地摔到地上，车毁人亡。据统计，在这同一地点，已有17条性命被以同样的方式断送掉。

◆ 爱达荷州风光

在波兰首都华沙附近，也有一个恐怖之地，司机在这里一般都会绕路而行，因为驾车来到这里的司机往往会感到脑袋昏昏沉沉，如同没睡醒似的，从而导致了大量车祸的发生。

在中国的兰（州）新

◆ 波兰首都华沙街头

◆ 兰新公路

（疆）公路的430公里处，不但翻车事故频繁发生，而且翻车的原因也神秘莫测。一辆好端端的、正常运行的汽车行驶到这里，会突然莫名其妙地翻车。这种车毁人亡的重大恶性事故，每年少则发生十几起，多则二三十起。

"430公里"处道路平坦，视线也十分开阔，为何经常出现翻车事故呢？有人推测"430公里"处以北可能有个大磁场，但没有科学根据。对司机来讲，"430公里"处成了一个中国的魔鬼三角，那里的翻车现象，目前仍是个谜。

◆ 兰新公路430公里处

最·不·可·思·议·的·地·理·自·然

五、文明遗址之谜

日本的水下城堡之谜

1985年，在日本海域南端冲绳岛附近海域的水下石头被发现。这些外形酷似纪念碑的结构是不是古代文明的遗留？

这些水下构造中，多层的石头平台、成直角的石块组成和墙壁样的结构，以及环绕着6角形柱子的石环，都带有人工雕琢的味道。在石结构周围有一条环绕着的道路，附近的构造类似石头城堡。迄今为止，有2个主要地带引起了人们的关注：一处在冲绳岛附近的名护海域，这里有看起来像墙壁的构造，以及被珊瑚所包裹的成直角的石块，另外一处紧挨着日本最南端的岛屿——庆良间列岛的南端，这里有一个不规则形状的5层平台。至今，两处海域加在一起共发现了8处反常的水下构造。

海洋地质学家经过研究，认为这些水下的纪念碑是由人

◆ 兰冲绳岛与庆良间群岛地理分布

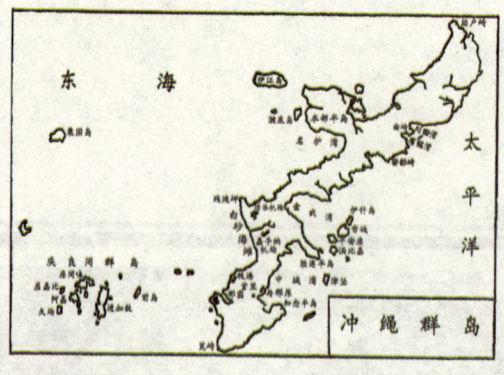

建造的,很可能是一个未知的古代文明所遗留下的,或许就是来自孕育过最古老文明的亚洲大陆。名护附近的构造像是城堡的围墙,庆良间的水下构造则很可能是举行仪式用的平台。水下平台上非常精确的直线构造,出自人工之手;在平台上的孔洞,很有可能是用以插入柱子来支撑木质结构的。

经过考察,地质学家提出:这里的地貌可能都是分层沉积岩的自然侵蚀作用形成的。但是,在这里的水面以上,还残留着一些古代的坟墓,它们可以肯定是人类修造的。

冲绳遗址是否能为一个消失的文明的存在提供确切的依据,我们将拭目以待。

◆ 冲绳岛

◆ 冲绳岛风情

巴哈马群岛的神秘水下建筑

1958年，美国动物学家范伦坦博士在巴哈马群岛附近的海底发现了一些奇特的建筑。这些建筑是一些古怪的几何图形，还有连绵好几海里的笔直的线条。

10年之后，范伦坦在巴哈马群岛所属的北彼密尼岛附近的海底，发现了长达150米的巨大"丁"字形结构石墙，这道巨大的石墙是由每块超过1立方米的巨大石块砌成的。石墙还有2个分支，与主墙成直角。附

近有平台、道路还有几个码头和一道栈桥。整个建筑遗址好像是一座年代久远的被淹没的港口。

有些地质学家指出，这些石墙是天然结构，但更多的学者认为是人造的。有人认为，巴哈马与玛雅人的故乡尤卡坦半岛相距不远，因此，这可能是史前玛雅人的古建筑，由于地壳变动而沉入水下。有人则认为应该出自南美古城蒂瓦纳科的建造者之手，还有一些人说，美国预言家凯斯曾做过一个预言，亚特兰蒂斯将会于1968年或1969年在北彼密尼岛海域重现，这里就是那个在公元前沉没了的著名的亚特兰蒂斯。

当然，这些说法都不能绝对肯定。

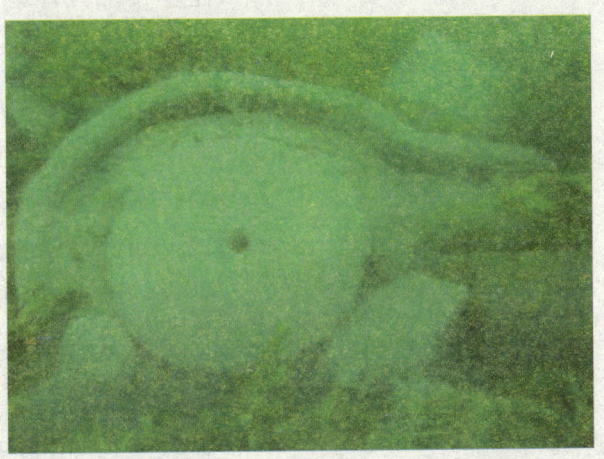

楼兰古城之谜

楼兰王国位于今天中国新疆巴音郭楞蒙古族自治州若羌县北境，整个遗址散布在罗布泊西岸的雅丹地形之中。

楼兰原是一个随水而居的半耕半牧的小部落。丝绸之路开通后，东西方的商业往来，给楼兰经济带来空前的繁荣。历史上，楼兰属西域36国之一，与敦煌邻接，公元前后与汉朝关系密切。楼兰城是楼兰王国前期政治、经济、文化中心，古代"丝绸之路"的南、北两道从楼兰分道，楼兰城依山傍水，作为亚洲腹部的交通枢纽城镇，在东西方文化交流中，曾起过重要作用。从楼兰遗址发掘出的文物震惊了世界，其中有珍贵的晋代手抄本《战国策》，还有楼兰墓葬群中发掘出的一具女性木乃伊，距今已有3000年，干尸衣饰完整，面目清秀，定名为"楼兰美女"。其他文物有做工精细的汉锦、汉五铢钱、贵霜王国钱币、唐代钱币、汉文和佉卢文残简等。

俯瞰楼兰古城，城中东北角有一座烽燧，是最早汉代建筑的风格。烽燧西南是"三间房"遗址，东面一间房内曾发掘出大量的

◆ 楼兰古城

文书木简。从"三间房"西厢房残存的大木框架推测,这里昔日曾是城中屯田官署所在地。三间房毗邻的框架结构房屋是楼兰城的官署遗迹。

楼兰古城曾经是人们生息繁衍的乐园。东汉以后,由于当时塔里木河中游的注滨河改道,导致楼兰严重缺水。在此之后,尽管楼兰人为疏浚河道做出了最大限度的努力和尝试,但楼兰古城最终还是因断水而废弃了。

辉煌的楼兰古城就这样永远地从历史上无声地消逝了。

◆ 楼兰古城

◆ 楼兰遗址

的的喀喀湖畔的古印加帝国之谜

太阳门与神秘的天文历

在玻利维亚和秘鲁交界处的的喀喀湖湖畔的安第斯高原上，坐落着古代美洲最卓越、最著名的古迹之一——太阳门。这个前印加时期的庞然大物，由重达百吨以上的整块巨石雕琢而成，高3.048米，宽3.962米。门两侧画着48幅方形图案，分列3排，簇拥着上方一个会飞的神。门上镂刻的许多象形文字被考古学家认为是一种天文历。按照这种历法，一年只有290天，一年的12个月中，有10个月只有24天，其余2个月为25天。没人知道这种与现在的太阳历大相径庭的历法究竟是如何运转的，只知道每年9月21日黎明的第一缕曙光总会准确无误地穿过太阳门的正中央。

◆ 太阳门

纳斯卡巨画

秘鲁西南部著名的纳斯卡谷地上，有许多由深度为0.9米，宽0.15米至数米不等的人工沟组成的巨大图画。这些画一般都有几百平方米大，按现代二方连续画法进行（每隔一定距离就重复出现画面）。画的内容包括各种动物、植物和人物。根据美国航天飞机拍下的图片显示，只有从300米以上高空才能看清这些巨画的全貌。完全没有掌握飞行技术的古印加人是如何绘制这些巨画的？他们绘制这些地面上难以欣赏的画是给谁看的，目的又是什么？真是让人匪夷所思。难道真的像有些人猜测的那样，这些人工沟是天外来客光临地球时起降用的跑道吗？

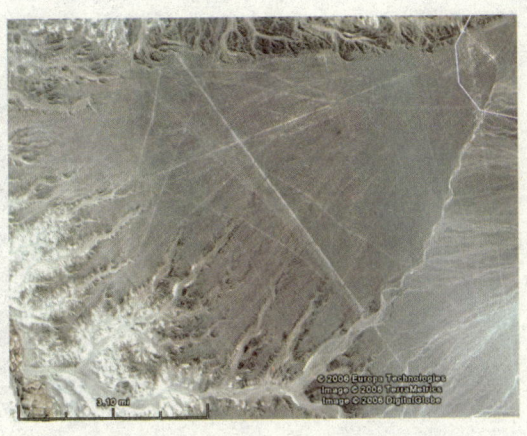

◆ 纳斯卡谷地

◆ 巨画位于秘鲁

神秘帝国迅速消失

印加帝国的发祥地在的的喀喀湖畔，这里虽然是海拔四千多米的高原，但水量丰富、阳光充足，是

最不可思议的地理自然

◆ 印加帝国遗址

◆ 寻找印加帝国遗址

农业立国的最好地方。在西班牙人到来之前,印加人一直在这片土地上安静地生活。四百多年前,西班牙征服者皮萨罗先是诱杀了印加皇帝阿达瓦尔巴,然后率兵前往印加首都库斯科,企图搜寻更多的宝藏。但令人惊异的是,在库斯科城中,无论是宫殿、神庙都空无一物,印加帝国的人们以及大量的财富,瞬时间消失得无影无踪。

更令人感到惊奇的是，在一次对印加帝国的考古发现中，出土了一批数量巨大、形态罕见的木乃伊：2000多具木乃伊都是被成捆埋葬的，每捆有几具木乃伊，成人都像胎儿一样蜷缩着，最多的一捆有7具木乃伊，重达几百千克。每捆木乃伊的顶端有一个用棉花填充的假头作为公共的头，而这之前只出土过一个印加人木乃伊的假头。出土的木乃伊中，有成年男女，也有老人孩子，有富人也有穷人，简直就是印加社会结构、生活习俗和文明程度的大写真，为研究神秘的印加帝国提供了前所未有的科学根据。

◆ 印加帝国遗址

阿加尔塔地下长廊

第二次世界大战开始，美国总统罗斯福让科学家德威特·拉姆夫妇寻找"阿加尔塔"——地底下的世界。据说地下世界有无数洞穴、隧道和迂回曲折、交错成网的地下长廊，那里埋藏着古代文明的秘密和无尽的宝藏。

战前，拉姆曾率领考察队在墨西哥的恰帕斯密林中考察，寻找地下走廊的入口。他们遇到了把守地下长廊入口的白种的印第安人，发现了秘密入口的线索。这些白种印第安人是玛雅人的后裔，是印第安族的一个分支，叫拉坎顿人。他们居住在密林之中，与世

◆ 敦煌莫高窟

隔绝,世世代代守护着密林深处的圣地。

后来考察队先后发现了从危地马拉通往墨西哥、从安第斯山脉通往智利和哥伦比亚,以及从厄瓜多尔的瓜亚基尔附近入口的地下长廊。

在亚洲也发现了地下长廊,比如西伯利亚东北部的契尔斯基山脉附近,苏联的阿塞拜疆,阿尔泰山区也有一些地下长廊,从蒙古南部一直延伸到沙漠戈壁。有人认为中国的敦煌,可能就是地下长廊的一处入口。

据英国探险家的报告,在尼罗河等地也发现了地下长廊。根据探险考察和文献记载,人们推测地球上可能存在一条穿过大西洋底,连接欧、亚、美、非各洲的地下长廊,即阿加尔塔长廊,它的开掘年代和有多少珍宝,目前仍然是个谜。

◆ 安第斯山脉

◆ 敦煌

处处皆谜的哈拉巴古城

在印度河畔,考古学家发掘了两个古城——哈拉巴和摩亨佐·达罗,发现古城下有着一个埋葬了3000多年的不知道其历史的古代文明,人们称之为"哈拉巴文明"。

哈拉巴和摩亨佐·达罗这两座城市的周长都近5千米,城市整齐,街道成直角相交。西面是高高的长方形卫城,即统治中心;东面地势偏低,是生活区;城市里有楼房,有公共浴池,有四通八达的排水道。在摩亨佐·达罗,大概有4万名居民。当时的人们冶炼青铜,种植麦子、棉花,同遥远的西亚人做生意,在两河流域发现了他们发运货物的印章和封泥,在印度河流域也发现了西亚人造的印章。哈拉

巴文化已有了标准的度量衡制度，低数用二进制，高数用十进制。

考古学家挖掘出了大量的女性泥像、儿童泥玩具和印章。在印章上、陶器上、金属器上，刻着许多当时人的文字，可惜到现在也没有人能解读。

哈拉巴文化的创造者是谁呢？有人说是达罗毗荼人，有人说是原始澳语人，有人说是由西亚来的苏美尔人。也许文字是解开哈拉巴文化之谜的钥匙，可是这把钥匙本身也是个谜。

◆ 哈拉巴

◆ 哈拉巴

哈拉巴文化后来为什么会灭亡了呢？有人推测说是由于地震，有人说可能是印度河带来的水灾或是沙漠侵袭等等。总之，哈拉巴文明灭亡之后，这里就成为一块寂静之地，直到几百年后，雅利安人才又在这里建立了新的文明。

神秘之都——佩特拉的变迁

佩特拉的地理位置极其神秘。它隐没于死海和阿克巴湾（今天的约旦国境内）之间的山峡中。

在公元二三世纪罗马帝国全盛时期，佩特拉曾一度是罗马东部省城的佼佼者，然而后来却长期衰落。

纳巴泰人是阿拉伯游牧民族，约在公元前6世纪从阿拉伯半岛北移进入该地区。佩特拉位于亚洲和阿拉伯去欧洲的主要商道附近，到了公元前4世纪，来自世界各地的商人们都要押运着骆驼队经过佩特拉门

◆ 佩特拉古城

最不可思议的地理自然

◆ 圆形剧场废墟

◆ 佩特拉城

前,纳巴泰人大获其利。公元前3世纪,佩特拉成为纳巴泰人的首都,纳巴泰达到了全盛时期。"纳巴泰人"的文字早已进化成了当代阿拉伯文字,在当今大部分阿拉伯世界中广泛使用。纳巴泰人铸造了自己的钱币,建造了希腊式的圆形剧场,佩特拉城蜚声于古代世界。

后来,罗马人控制了佩特拉周围的地区,佩特拉成为罗马帝国最繁荣的一个省。

公元4世纪,佩特拉沦为拜占庭(或称东罗马帝国)的一部分。它成为一座基督教城市,是拜占庭(或称东正教)大主教的居住地。公元7世纪,伊斯兰教东山再起,伊斯兰帝国日趋强大,阿拉伯人佩特拉区又成了伊斯兰帝国的一个小省,几乎处于被遗弃的境地。几个世纪后,为了争夺近东控制权,伊斯兰势力与欧洲基督教各国间战争不断。佩特拉在十字军东征期间再次兴旺起来。欧洲十字军在该地建立起短命王国,把佩特拉作为他们的一个要塞,一直坚守到1189年。

公元12世纪后,佩特拉再次被遗弃,人们也渐渐忘记了它的存在。

◆ 拜占庭教堂

神奇的峭壁建筑

美国科罗拉多州的梅萨维德地区，有一片神奇的建筑群落——印第安人阿纳萨扎伊部落的峭壁建筑群落。

阿纳萨扎伊部落在13世纪遗弃了这片生存之地，不知去向。

据考证，这个部落从2000多年前就开始在这里修建居住地。到了公元1050年，他们就已经在这里建成了12座城镇，这里成了这个部落的宗教、政治、商业中心，是一个具有5000多名居民的核心居民点。

今天，人们看到的峭壁建筑共有500多幢。其中，被称为"峭壁王宫"的最大建筑物，有200个房间，是用了几十万块扁石头和两万多条松木十分考究地修建起来的，从外观上看很像现代的公寓。在王宫周围，盖有许多地下室。这些地下室都是圆

◆ 科罗拉多州风光

360° 全景探秘
文明遗址之谜

◆ 科罗拉多州峭壁建筑

◆ 布列塔尼半岛

◆ 科罗拉多州峭壁王宫

形的屋子，是供部族内部进行社交活动和敬神用的，居民的炊事和其他家务活动则在露天庭院中进行。

在这里名列第二的峭壁建筑被称为"云杉木屋"，它有100多个房间，都建在悬崖峭壁之上。

在这些建筑中，还有专门用于敬神的太阳庙以及阳台屋、雪松塔、落日屋、方塔屋、回音室等等。在峡谷两侧的坡地上还保留着峭壁居民开辟的梯田，谷底有他们修建的水池。在这里还发现了一些由他们制作的各种造型精巧、黑白纹的陶器。

阿纳萨扎伊人为什么要选这样一个频频发生旱情的荒凉的峡谷作为本部落的生存之地？为什么要把房屋都修建在峭壁之上？又是什么原因使他们放弃了这块世代居住的地方？这些都是人们一直在探寻，也一直没有找到答案的疑难问题。

津巴布韦

坐落在南部非洲的津巴布韦遗址，在悠远的古代闪耀着文明的辉煌。

1868年的一天，欧洲一位探险家在密林中发现了一座石制的残垣断壁，这就是闻名世界的"大津巴布韦"。

"椭圆形的大围墙"是大津巴布韦的主体建筑，该处围墙高近10米，厚约5米，所围的总面积约为4600平方米。在东、西、北三面城墙上开有3

◆ 大津巴布韦

◆ 大津巴布韦遗址

◆ 大津巴布韦遗址城堡

个门，门顶都用巨大的花岗岩石砌成圆拱形。围墙的顶上，雕刻着细长的质地坚硬的图案花纹，有的墙面顶端还雕刻着一只形状奇特的石鸟。围城里面建有圆锥形石头高塔、石碑、地窖、水井和一些石崖的废墓，像是古代宫廷的遗迹。围城附近还有许多小的房屋，可能是一般官员或仆人的住宅区。

大围墙的外面，是另一处主体建筑：卫城。卫城建在椭圆形大围墙旁边约90米高的悬崖上，居高临下，俯瞰着整个山谷。城墙由花岗岩石砌成，构筑坚固，气势雄伟，可能是一座要塞，供防御之用。

另有一处形似祭坛的建筑，也许是举行宗教仪式的场所。

最令人费解的是大围墙内的圆锥塔。这是一座下粗上细的实心花岗岩建筑，高20余米，没有任何文字标记。它主要是用雕凿成砖块的平整花岗石堆砌而成，石砖之间连接得极为严密。这座巨塔究竟是干什么用的呢？

人们在"大津巴布韦"的周围发掘出大量的文物，由这些出土文物可以看出，这个消失的城市曾与古代的华夏、阿拉伯、波斯和印度有过悠久的文化和贸易往来。而在中国、阿拉伯和波斯的历史典籍中有关大津巴布韦的记载却极其鲜见。

有人认为大津巴布韦的建筑是出自非洲原居民之手，有人却认为大津巴布韦绝不可能是非洲原居民所建。没有人统计过需要多少工人、工作多少时间，才能使这样一座伟大的文明古城屹立在非洲茂密的丛林中。

◆大津巴布韦

360° 全景探秘 >>>>
最不可思议的地理自然

◆ 大津巴布韦皂石鸟

被火川吞没的米诺斯

克里特岛是希腊最南端的一个岛屿，它被地中海海水环抱，风光绮丽，气候宜人。

大约在公元前2300年至公元前1500年间，克里特王国的文化盛极一时，在最后的100～200年中，正是米诺斯王朝。克里特人把生产的各种器皿和金银首饰，销往希腊、亚细亚和埃及等地，换回所需的矿石。他们逐渐控制了爱琴海。当时，米诺斯王朝威震雅典，是联系欧、亚、非三洲先进国家的纽带。国王米诺斯充分利用优越的地理位置，发展造船业，并建立了世界上最早的一支海军。米诺斯所向披靡的舰队，使他的国家与埃及、叙利亚、巴比伦、小亚细亚等区域保持贸易来往，逐步形成庞大的商业帝国。爱琴海诸岛纷纷向米诺斯称臣，雅典也得向他纳贡。无疑，克里特岛是欧洲古文明

◆ 米诺斯王宫遗址

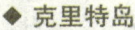

◆ 克里特岛

的发祥地之一。

奇怪的是,大约在公元前1500年前后,克里特岛上所有的城市,突然在同一时间全部被毁坏了,这个古老的海上霸国便从地球上永远地消失了。

1967年,美国考古学家揭开了这个谜。

◆ 火山爆发

原来,在克里特岛以北约130千米,有一座桑托林火山岛。桑托林火山海拔仅566米,却产生了人类历史上最

◆ 复原的米诺斯王宫

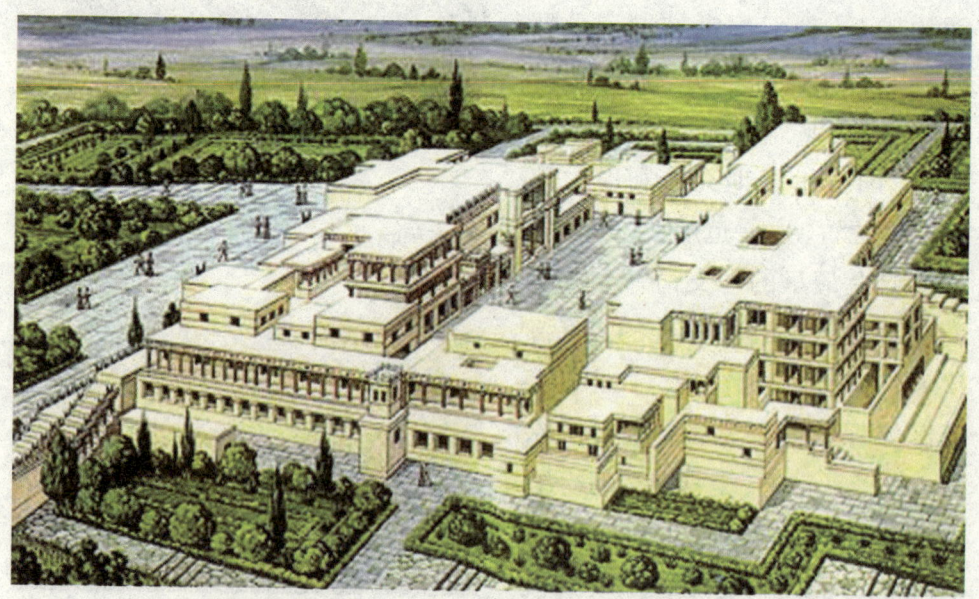

猛烈的一次火山爆发。岛上的城市几乎在一瞬间就被埋在厚厚的火山灰下。火山爆发引起了巨大的海啸，滔天巨浪滚滚南下，很快便来到克里特岛，摧毁了岛上的城市、村庄和良田，船只被狂涛击碎，米诺斯无敌的舰队顷刻间化为乌有。

克里特文化的兴亡，至今仍是考古学中令人费解的难题之一，它的神秘面纱还一直未被完全揭开。

◆ 米诺斯石棺

◆ 克里特岛

闪米特人的地下城

◆ 地下城市

◆ 卡帕多基亚石林

土耳其卡帕多基亚的格尔里默谷地,看起来和月球表面很相似。这里的火山沉积物上矗立着奇形怪状的石堡。

早在公元8世纪和9世纪的时候,这里的居民就开始开凿空石堡,将其改

装成居室。人们甚至在凝灰岩体上凿出富丽堂皇的教堂,并在其中供奉圣像。然而,真正引起轰动的发现,是可居住成千上万人的地下城市。其中最著名的一座坐落在今天代林库尤村附近。通往地下城市的通道隐藏在村子各处的房屋下面。人

◆ 奇异的山谷

们在这里一而再、再而三地碰到通风洞口,风洞从地下深处一直延伸到地面。地下城市是一种立体建筑,分成许多层。代林库尤村的地下城市仅最上层的面积就有4平方公里,上面的5层空间加起来可容纳1万人。人们猜测,当时整个地区曾有30万人逃到地下躲藏起来,仅代林

◆ 地下教堂

最不可思议的地理自然

◆ 地下宫殿

库尤的地下城市就有52口通气井和15万条小型地道。最深的通风井深达85米。地下城市的最下层建有蓄水池，用以储藏水源。

到今天为止，人们在这一地区发现的地下城市不下36座。熟悉这一地带的人认为，城市的数量远不止这些。城市相互间都通过地道连接在一起。连接卡伊马克彻的代林库尤的地道，足有10千米长。

谁是建造者呢？它们是什么时候建成的？用途又是什么？人们只能作出种种猜测。

六、天文未解之谜

天文蛋与彗星蛋

一只天文蛋在江苏省泰州市被发现，蛋壳上布满了白色斑点，有规则地构成一些星辰天体图像。另一只发现于四川省的自贡市，其蛋的硬壳表面有7个突出

◆ 江西广昌发现八枚天文蛋

的斑块，构成了相当规则的北斗七星图案。

还有一种叫"彗星蛋"，是在彗星回归时所生下的一种蛋。

1680年12月的一天，罗马一只小母鸡生下一只奇特的蛋。在这只蛋上，清楚地显示出一颗彗星及彗星附近星座的图案。

1682年，哈雷彗星出现时，德国马尔堡的一只母鸡生下一只鸡蛋，蛋壳上布满星辰。1758年，哈雷彗星回归时，英国一只母鸡也生下一只彗星蛋，上面的哈雷彗星图像十分清晰。

1834年，希腊科扎尼的一只母鸡生下一只彗星蛋。

1910年，哈雷彗星再次回归，当彗尾扫上地球的前一天，法国的一只母鸡生下一只彗星蛋。

1986年哈雷彗星回归前，意大利的一只母鸡生出了一只"彗星蛋"。

◆ 意大利发现的哈雷彗星蛋

◆ 彗星蛋

雪块带来的谜团

飞来的"横祸"

从古至今,对雪块现象的记述为数不少。

1968年春季的一天,阳光明媚。西德肯普腾城的一位木匠在房屋顶上干活儿,突然被天空落下的一个大雪块砸死。

西德汉堡居杜里斯·库拉特家的房顶也遭到一块雪块的袭击。

1974年3月,在伦敦郊区贝纳尔,天上落下一块正方形雪块,砸在维尔德·史密斯先生的汽车上。

1976年3月7日晚,美国佐治亚州维拉伯尔特·卡尔兹家,一团雪块从房顶上落了下来,将房顶砸出一个大洞,透过洞口可以看到,夜空晴朗,满天

星斗。

　　这些雪块是从何处来的？有人认为可能来自飞过此地区上空的一架飞机。

　　但是，气象学家却认为此地的空中气温不可能导致形成巨大雪块，当时也没发现飞机经过这里。况且，第一架飞机还未诞生前，航海家曾碰到雪块从天空中落到海里的事例。

◆ 雪块

除此之外，1970年库菲菲尔城还遭到一块巨大的雪块的袭击，雪块直径为44厘米，重达7.6千克，引起了科学家们很大的兴趣。

内含气泡的51层雪球

1973年4月2日傍晚，英国曼彻斯特街道上空出现一道明亮的闪电，几分钟后，天上忽然落下一个雪球，估计有2千克重。

经过化验分析，这块雪块由51层雪组成，每层雪之间都有一层薄薄的空气气泡。它的结构不是冰块结构，而是云雾水形成的。其水晶体又比冰块中的水晶体小，其内

◆ 雪花

部各层又不如冰块中的各层那样有规则。

云中的水为什么形成了雪块，又是怎样形成雪块的呢？通过实验分析，它不是在容器内形成的。

那么，雪块是否是从正在天空中飞行的一架飞机上落下来的？有人询问机场管理人员和专业人员，得到的回答是绝不可能。

此时，理查德教授对这些现象的解释也确实无能为力了。

◆雪

星星的垃圾

◆ 陨石

◆ 南极陨石

提到陨石，不禁使人们想到另一种极为奇怪的现象，即从天上落下的软体动物似的东西。这种现象早在纪元初期就曾发生过。当时，一颗流星落到了地面，在陨石旁不远，人们发现了一团与软体动物类似的东西，或称软体动物陨石。古人们为它取了一个名字——"星星的垃圾"。

众所周知，流星就是陨石，一般是由石块、铁等矿物质组成。流星落到地面之前，穿过大气层时会产生很高温度的热。软体动物似的东西若随同流星穿过大气层，也一定会产生高热并在几秒钟内化为蒸气。但是，它们为什么能够存在并落到地面上呢？其次，人们发现，这些软体动物似的东西落地后有一股特别的香味。同时，它在地面上存在的时间很短，很快就变成蒸气挥发了。那么，它为什么在进入大气层时未蒸发呢？

有科学家根据化验结果估计，这些"星星的垃圾"可能是一种细菌。

天文
未解之谜

与怪雨一同降下无数小动物

美国下过许多次怪雨：

1819年，一条鲱鱼突然从空中落下，鱼长30厘米。

1879年也发生过几次鲱鱼雨。

1841年，发生过几次鱼雨和乌贼雨，其中一些乌贼长达25厘米。

1894年，一只称为"古菲尔"的龟突然从天空落下，龟被一团雪包着。

1933年，落下大量冰冻的鸭子。

其他国家也有不少怪雨现象：

1954年7月12日，英国下了一场青蛙雨。

在怪雨现象中，海洋鱼类和其他海生动物雨为数很多，在英国、美国、欧洲、印度和澳大利亚屡见不鲜。

第二次世界大战期间，缅甸—巴基斯坦边境的库米拉城，曾下了一场几万条沙丁鱼的怪雨。

英国农村曾下过一场海螃蟹雨和海蜗牛雨。

1881年，伍斯特城下了一场螃蟹和蜗牛雨。

世界各地怪雨现象数量很多，颇难一一列述。

◆ 乌贼

◆ 鲱鱼